笔尖上的动物世界

冯韵明 绘

學苑出版社

图书在版编目（CIP）数据

笔尖上的动物世界 / 冯韵明绘. — 北京：学苑出版社，2019.3

ISBN 978-7-5077-5632-6

Ⅰ. ①笔… Ⅱ. ①冯… Ⅲ. ①钢笔画 - 动物画 - 绘画技法 Ⅳ. ①J214.2

中国版本图书馆CIP数据核字（2018）第293855号

出 版 人：孟　白
责任编辑：周　鼎
美术编辑：康　妮
出版发行：学苑出版社
社　　址：北京市丰台区南方庄2号院1号楼
邮政编码：100079
网　　址：www.book001.com
电子信箱：xueyuanpress@163.com
联系电话：010-67601101（营销部）、010-67603091（总编室）
印 刷 厂：北京赛文印刷有限公司
开本尺寸：889 × 1194　1/12
印　　张：15.5
字　　数：300千字
版　　次：2019年3月北京第1版
印　　次：2019年3月北京第1次印刷
定　　价：600.00元

序言
preface

新年伊始，万象更新。在 2016 年的新年里，看到了我的老学生冯韵明的钢笔动物素描，甚为意外和欣喜。几十年来，他淡薄名利，热爱工艺美术和绘画，在他的画中透出浓浓的老中央工艺美术学院的味道。深、浅、浓、淡的墨色，淋漓精致、准确精细地刻画出一个个活生生的动物形象，形成了有别于其他钢笔画的风格，也体现出他较高的基础造型能力。画面中那些灵性的动物，不管是灵猴猛兽，还是漂亮的小鸟，各个都是活灵活现、栩栩如生。它们的眼神，好像期盼着与我们沟通、交流，不由自主地唤起了我们的爱心。作为人类亲密的朋友，它们应该得到怜爱、尊重与保护。

在钢笔千笔万笔的描绘中，在百余幅动物主题的作品里，可以看到冯韵明同学在画画上落笔有力、精准果断、刻画细腻、形象生动、质感强烈，虽是黑白的画面却能让人感到丰富的色彩，即为墨分五色矣。画出的动物神形兼备，是我所见到的钢笔画中很出色的作品。

在百余幅的动物作品中，可以看到他几十年来的绘画探索过程，由最初的速写形式过渡到用绘画针笔的精细描绘，又发展到用普通钢笔的书写，点、线、面的构成，墨色的深浅浓淡的应用，体现了当年老前辈雷圭元老师有关图案基础的法则，以此来追求动物形象的自然美，并通过这些自然美的描写去感染激发我们对一切生灵的敬畏与尊重，去歌颂大自然，歌颂其大美。所以，我感到冯韵明的动物钢笔画是非常出彩的。

冯韵明总对我说他是一个老学生。1965 年他入学中央工艺美院染织系，我是他的班主任，又适逢“文化大革命”，我们在一起经历了长达八年的考验。那时老师不能教，学生不能学。他深知自己学识浅薄，因此在以后的工作中，做一项爱一项钻一项，将工作生活作为一种不断学习进步的过程。他的第一份工作是在对外贸易进出口公司搞珠宝首饰设计，对于一个学染织专业的学生来说，无疑是个大的转行。然而经过几年的工作，在干中学习，很快就能独当一面，设计出许多出口的珠宝、首饰产品，得到很多外商的赞扬，为当时国家出口创汇做出了贡献；在轻工业部工艺美术总公司工作期间，把自己工作中学到的实践经验应用到行业的管理上，将全国的珠宝首饰生产行业搞得风风火火，也使好多企业由此脱贫致富。在繁忙的行政工作之余，编写了两本有关珠宝首饰的书，推进了珠宝首饰文化的发展。退休后，执着于对珠宝玉石行业的不倦追求，本世纪初的数年时间里，在《北京晚报》“五色土”栏目中连续发表 100 多篇有关珠宝玉石的文章，以推动珠宝玉石文化的普及。在近五六年的生活中，他在浮雕和铜章艺术方面又有了特殊的成绩，其中，突出的作品有齐白石、徐悲鸿、张大千、黄宾虹、潘天寿等先生的章牌，受到章牌爱好者的广泛喜爱和收藏。有收藏者这样评价他的作品：静谧而有韵味，意境悠远耐人寻味，不张扬、不喧闹、不跋扈，是心灵的一片净土。去年他又与其夫人洪涛编写了《京绣》一书。应该说冯韵明同学在踏实勤奋中取得了多样的成绩，继承了老工艺美院发展创新的精神，值得赞许。我想这位老学生通过他一生的艺术实践，展示了丰富多样的艺术作品，足以证明他已经是一位出色的工艺美术的老学子了。

百余幅钢笔动物画汇编出版是他几十年刻苦勤奋努力的结果，在此祝愿他在今后有更多的作品奉献给祖国的工艺美术事业。

疏可跑马、密不透风

——赞冯韵明先生的钢笔画艺术

朱军山

当我收到韵明寄来的丙申年钢笔画台历时，被他画作的精湛吸引了。娴熟的线条、生动的形象、巧妙的构思以及他呕心沥血的创作精神，真的感动了我。从 20 世纪 70 年代大学毕业，40 年来，他手不释卷，专心于钢笔画艺术的创作。如果没有一颗对艺术的赤诚之心是不可能做出今日之艺术成果的。

钢笔是外来的书写工具，到了他手里竟成了一种神器。尽管钢笔画这一画种已存在多年，但能够掌握自如、表现得心应手，没有一定的艺术修养是不可能完成如此精细的艺术创作的。这需要具备驾驭艺术的高超能力和很好的艺术修养。正如鲁迅先生所说的，大凡有成就的艺术家，都是经过严格的专业训练和长期的苦心努力的。记得上古时代一位先贤曾说过，古人专一艺，以不朽者，必先苦其心志，粹其精力，积其岁月，而后始有过人之诣也。韵明对艺术的执着，正好印证了他是一位合格的艺术家。

欧洲 11 世纪宗教艺术繁荣时铜版画兴起，后来传入中国，与古老的东方线描艺术有机融合逐渐形成了钢笔线描画，它填补了中国画种的空白，又为中华文化注入了新的生机。到 18 世纪，钢笔画已成为一门独立的艺术。在中国，韵明将西方艺术手段与东方传统巧妙地结合，而完成了这一批 100 多幅精美的钢笔画，无疑为中华文化宝库增添了新的光彩。

他的钢笔动物画作品，诞生于当今中国艺术飞速发展的新时代，从美术史的角度看，韵明做出了杰出的贡献。

一、韵明的这一大批动物主题钢笔画，是他长期深入生活、热爱并拥抱大自然的情怀抒发，他积长期的心血，把大自然可爱动物的千姿百态和神情灵秀的生命表现得如此细致入微，说明他有着高超的写生能力、洞察对象内心精神世界的艺术灵感和高超的艺术修养。形神兼备是中国画传统评价指标的首要条件，他塑造的对象不但形象准确，而且将其精神内涵表达得活灵活现，达到了以形写神的理想境界。大角羚羊的善良娴静，金丝猴的顽皮睿智，小浣熊的憨态天趣以及麝牛的老诚厚朴，都在韵明灵巧的笔锋下表露无遗。他对对象内心世界的理解和掌握艺术手法所达到的境界，堪称典范。

二、他在艺术构思方面，巧妙地赋予画面以美的享受。牛角上的一双小鸟，表现牛的善良天性和动物之间的和谐相处的场景；可爱的翠鸟在捕捉小鱼，显现了动物之间适者生存的规律；长臂猿嬉戏顽皮的天性，从其玩耍的动态中表现了无所畏惧的精神。从每一幅精心构思的画面中，不难看出韵明在捕捉动物的天趣方面的超凡能力。

三、节奏之美是他钢笔画的又一特点。看一个艺术家作品的生动气韵，从其节奏感方面可以洞察，如黑白的补托、疏密的相间、前后的排列、空间的通透，都恰到好处。细密的铜版画自欧陆传来，广为国人接受。如纸币的细纹、邮票的底纹以及出版物的插图，都得到了广泛的运用。韵明以他的严格的审美功底在动物画中熟练地运用钢笔之功力，把握节奏之美、韵律之美、形象之美、线条之美，结合得如此完美，我以为堪称高手。

在当今美术界，韵明仍坚守艺术家应有的道德规范，守住一颗固有的纯洁之心，确是难能可贵的。艺术本身自古就是纯洁的，能够以自身的美德守住这份纯真，这便是韵明给我们树立的榜样。

才艺鼎立能出彩，精诚所至可通神

——欣赏冯韵明先生精美的动物题材绘画

程方平

看冯韵明先生的麦朵尔（medal，即俗称大铜章）是一种享受，他的雕塑不仅栩栩如生，而且神采飞扬，远远超出所谓专业的模式和俗套；看他的绘画也是一种享受，他的绘画脱胎于中国的传统和西方的素描，并能跳出程式自成一格。新近看到冯韵明的钢笔画系列“笔尖上的动物世界”，这类感受又进一步加强了。

艺术是相通的，但在不同的艺术领域都能达到“游”的意境，是很难得的。冯先生在纺织、宝石、铜雕、绘画等方面均有高超的造诣，其横向的迁移颇为深入与精彩。记得在 20 多年前，曾听一些学界的大家聊治学的经验，他们多认同，知识或技能的学习，要有阶段性的重点，或横向拓宽，或纵向深入，经过几个博约交替的发展过程，学问和技能就会达到炉火纯青的境界。品味冯先生的艺术作品和经历，再一次印证了那些学术前辈的经验。

冯先生是学工艺美术专业出身的，早年曾与中国工艺美术大家郑可先生有亦师亦友的深切情谊，并得到过常沙娜、俞致贞等艺术名家的悉心指点。在 20 世纪六七十年代，他所学所用的专业是纺织工艺，后来因为种种机缘染指宝石、玉器、绘画和雕塑等领域，凭借才智和爱好在多方面做出了突出的成就，被业内外广泛认可。

据冯先生自己说，他曾学习尝试过多种绘画形式，但最后定型于钢笔画。其原因有三：一是自幼喜爱绘画，但早年家境清寒，没有条件充分练习国画、西画，用一支钢笔就能满足自己的绘画兴趣；二是几十年来工作一直很忙，为满足自己的兴趣爱好就必须挤时间，画钢笔画可以随时随地展开；三是以黑色表现的绘画虽看似简单，但依据中国书画“墨分五色”的理论，依然可以表现丰富的色彩和不同的质感，有了执着的追求和对各类技法的尝试，最具挑战性的表现才更令人着迷。

一般意义上的钢笔画约起源于 12 世纪的欧洲，与人类早期的岩石刻划、线描、阴阳刻、素描等，均有明显的渊源关系。到 19 世纪末，钢笔画已在诸多知名画家的参与下成为相对独立的画种，并不断生发出与之相关的彩画和其他类型的新画种。仅就单色的钢笔画而言，表现手法也多种多样，基本上是以点、线、弧、网、色块等的表现为主要手段，通过黑、白、灰的配合，可将绘画的主题表现得精细入微、淋漓尽致、充满质感。在绘画史上，像希施金、伦勃朗、毕加索、马蒂斯等，都有个性鲜明的精妙钢笔画作品流传于世。中国人使用钢笔虽仅有百余年的历史，但融合中国历史上各类硬笔刻划和线描的悠久历史传统，也会给今人带来诸多的借鉴和启发。近几十年来，在中国的绘画领域也曾出现过不少风格各异的优秀钢笔画作品，相应的探索可谓方兴未艾。

古稀之年的冯先生还保有传统文人的淳朴和艺术家的个性，在其艺术作品中洋溢着难得的精诚、醇厚的意蕴。他的动物题材的绘画，用的是一支钢笔，表现出来的艺术效果足以让观者动情和赞美，这远不是技法的力量，而是其精神、文化和哲学的体现，是感人至深、精诚所至的童心未泯。

观冯先生的动物题材钢笔画，不仅飞禽走兽真是可爱、呼之欲出，还会使人有一种莫名的亲切和感动，这是在我所见过的动物类绘画中，包括不少所谓的名家、大师的作品中，从未感受过的。在那些作品中可能有出众的技法技巧，有典型的文人情趣，但动物仅仅是被表现的客体，与观者交流的仅仅是画家。而在冯先生的动物画中，画家是隐在后面的，动物们成了与观者直接交流的主体。这是冯先生超越前人、创新探索的独到之处。

不久前与冯先生聊天，谈起他的动物绘画，使我肤浅地感受到了其与众不同的艺术见解和美学感悟。如他说，在人物的艺术创作中，大家都知道眼睛是心灵的窗户，但很多人却没有意识到，动物的眼睛也一样能够传情和传神，把动物的眼睛表现到位了，就可使人感受到动物的语言和情感，使画中的飞禽走兽能够与观者进行较充分的交流。我想，这可能就是冯先生的独到见解和领悟，也是其作品能超越和出彩的关键所在。

我们常说，动物是人类的朋友与伙伴，但很多人认为爱护动物仅仅是人类对动物的怜悯或施舍。其实在自然界中，如果动物没有了，人类也就走到了尽头。随着人类社会的发展，人与动物的差距似乎越来越大，人类的智慧似乎远远超越动物，成为万物之灵。但事实是，人类的许多潜能都在削弱和消失，而动物却能保持和改善。不仅人类的许多发明创造要借鉴仿生学的研究成果，在教育、学习、顺应自然、合作协同、遵守"社会规范"、履行亲子责任等方面，人类也依然需要向动物"学习"。

冯先生选择各类动物为表现对象，并非是他只擅长画动物。因为，我也见过他非常精美和高水平的人物雕塑作品和画作。可见，以动物为题材的绘画仅是冯先生艺术创作多元化中的一个精彩的部分。尽管说，绘画的种类和相应的技法有很多，也有不少人做出了积极和创新性的探索，绘制出了无数的精彩画面，但层次和格调依然是可以分出等级的。在中国的古代，书画品第的最高级别是神品，所谓的神品是高于妙品、能品、逸品、佳品，亦或是雅品、精品等，可达"天工"之境的作品。其标准是平和简净、遒丽天成，在功夫和天然之间达成最佳的默契。以笔者的水平，很难评定冯先生钢笔画的品第，但可以感觉到冯先生追求的目标的高远。在画狮、虎、豹、牛、猴（长臂猿、金丝猴）、猩猩、浣熊、鸟类等具体的动物时，冯先生都是极其认真、极具热情的，他不仅在选材、构图、手法、表现等方面力图追求完美，还特别注意营造动物世界的自然氛围，试图在画家、观者和自然界之间构建理解、尊重、友好、融合的文化。这种文化不是狂妄的人类至尊，也不是生硬的道德说教，而是心平气和的思考，是情感沟通的理解和表现。

正是在这样的目标追寻之中，冯先生认定动物们是大自然里的精灵，是人类的朋友与伙伴，是构成自然界不可缺少的组成部分。所以，他所描绘的动物们，有家庭、有情感、有想象、有语言、有乐趣、有特点、有交流和协同，也有各自的天赋权利。能较好地表现出动物们的这些特质是冯先生非常明确的志向，更是他的用心与倾情所在。能将动物们画得准确无误、惟妙惟肖、栩栩如生只是基本的要求，而使它们能够"诉说""传神"，才会达到理想的效果。

与博物馆、拍卖行中的煌煌巨制相比，一幅幅钢笔画似乎不足为奇，我们对艺术品价值的判断许久以来早已被金钱异化，出现了对本质的迷失。而当我们能够静下心来，认真感受那些依然本性纯净、底蕴深厚的画者的用心之作时，我们也会有难得的回归和入心入情的实感，受到精神的洗礼。观冯先生的画、与冯先生交流，我深切地感受到了艺术创作的真正魅力和价值，也祝冯先生的艺术生涯能永远常青和不断出彩。

我的钢笔素描动物画与精灵们

退休后，时间充裕，相对自由了，可以做自己想做的事。于是，我又把自己的绘画专业重新拾了起来，自娱自乐，羡煞神仙。

一支钢笔，一张纸，不需要大张旗鼓，从素描开始，非常简便。十多年前，我开始尝试着用钢笔完成素描画，其线条表现力不仅可以硬而有劲，还能有粗细顿挫的变化，能够表现出丰富的情感。

我很崇尚自然形态，师于自然。素描能够准确地表现对象的形象结构和造型，用钢笔画的动物素描更显独到，尤其在表现动物的毛发方面，更能够把动物的皮毛质感表现得淋漓尽致。用中国水墨画墨分五色的原理来处理所画动物的色彩，使原单一墨色变成丰富的色彩，如此画法也有别于其他的钢笔绘画。画面一定要达到素描所要求的黑、白、灰，质感和空间的效果。钢笔画也有其不足之处，单一色很难出彩，整体效果显得有些单调。为了弥补其不足，我充分利用线条的粗细长短和点的大小、疏密，墨色深浅的变化，有时因画面需要也用乱笔或涂抹等方法来表现动物的造型。在画动物上，我特别注意动物的头部特点，更加注重动物的眼睛。对人来说，眼睛是心灵的窗口，一静一动的眼神都会有不同的情感变化，动物也一样。它们的眼睛所反映出的眼神与人的眼神同样是丰富多彩的，同样表现出它们的思想与情感。有了时间，有了精力，可以多花点时间画得细些，尽可能地画得正确些、生动些。

我们和动物原是在一棵生命树上结的果，只不过我们发展得快、进化得快，从众多的动物中脱颖而出。我们会用火，会用石头制作工具，有自己群体交流的语言，从而将其他生灵称为动物，将自己称为人，但说白了在地球村里我们是一种具有创造性的高等动物。在人类史中，可以看到动物们不仅仅是邻居，好像是互不往来的邻居，实际上它们就在我们身边，可以这么说，生活的方方面面，到处都能见到动物的伴随，在为人类的需要服务。

在古远时期的岩画中，可以见到那时的人在岩壁上画有多种动物形象，画有人捕猎的动作。在北京周口店山顶洞的原始人生活遗址中出土有动物骨质的骨针，说明那时人类开始具有缝纫制衣的能力；出土的兽牙穿成的项链，兽牙根部还染有红色，这是人类精神生活具象的物化物，也是人类首饰艺术的第一链，同时也反映出人对动物力量的崇拜。原始部落又将动物作为代表自己部落的图腾而顶礼膜拜，并将一些动物驯化成为家禽家畜，有牛、马、羊、猪、鸡、鸭等，宠物狗和猫或许也始于此。

中国人与动物是最亲密无间的，每个国人出生后都有一个相应的动物属相。属相或谓生肖有十二种，它们是鼠、牛、虎、兔、龙、蛇、马、羊、猴、鸡、狗、猪。酷爱动物的先祖将动物的秉性拟人化，使它们变成人们各种品行道德的形象，也因此成为人们艺术创作的源泉。

在画动物素描的过程中，我体味到这些动物眼神里流露出一种渴望，它们希望得到应有的生存空间，不希望活在笼子里。这种渴望的眼神也告诉我们，如果没有了其他生物，人类是多么的孤单凄凉！

几十年来，我画了这些钢笔动物素描画，那是一种练习，也是我观念的体现。今承老师常沙娜、朱军山先生的指点和程方平先生的推荐，又得到北京世纪华赞投资集团有限公司陈涛先生和中国工艺艺术品交易中心的支持，特别是有好友王佩斌、尹末冬等的鼎力相助，如愿结集成册，庶可为热爱动物的朋友们提供参考资料和欣赏，也是我为构筑自然和谐社会而奉献的一点绵薄之力。感谢学苑出版社孟白社长的支持。

在此我表示敬畏大自然，也感激大自然，并向所有帮助支持我的朋友们致谢！

目 录

catalog

猴

把攀爬跳跃当作一门艺术，总会用嬉闹打破周围的沉寂，创造一番活力和生机……它是聪明的、欢乐的、智慧的。这是人们对猴类最为直接的印象。

猴，灵长类，是动物界里最进化的一类。猴子大脑发达，会用简单的工具抓取食物。灵长类中体型最大的是大猩猩，最小的是倭狨。猴子在动物界是一个不折不扣的大家族，现存所知世界上有 260 多种猴子，它们通过叫声、手势和身体接触进行交流。视觉、听觉、嗅觉均发达。耐苦、耐寒、食性杂，过着不同形式的树栖或半树栖生活。

尽管猴子的分布范围广泛，数量众多，但近年来，由于气候的变化和人类活动，野生猴类生存也受到巨大的影响。因此，人类肩负起保护动物的责任和义务，要从它们的生存环境不受干扰开始。

中国特产金丝猴，是与大熊猫同属于“国宝级”的动物。它们算得上是猴类中最漂亮的种类之一，毛色多样，相貌可爱。金丝猴在中国云南、贵州、陕西、四川、甘肃的原始森林中有分布。

金丝猴往往群栖于海拔 1500 ~ 3300 米的高山密林里，以浆果、竹笋、苔藓为食，亦喜食鸟蛋等肉类。它们身材较小，四肢粗壮，尾巴很长；面孔为淡淡的天蓝色，双眼为黑褐色，有一个小小的朝天鼻。

过去，在密林里，人们往往能够看到这样的情景，成群的金丝猴在树上跳跃嬉戏。

滇金丝猴

滇金丝猴

滇金丝猴

滇金丝猴
金丝猴是一种非常稀有的猴类
属于世界珍稀动物。
金丝猴分有川金丝猴、滇金丝猴、黔
金丝猴和越南金丝猴四种。此为滇
金丝猴头像，美丽的眼睛，如抹口红的厚
嘴唇，头顶高竖着一撮黑毛，样子非常可
爱，好像是个别小年青也搞成金丝猴
的发型，这是否也是仿生发式？
二〇一二年六月七日

滇金丝猴

滇金丝猴

黔金丝猴

白眉长臂猿

白眉长臂猿

长臂猿

长臂猿

小熊猴

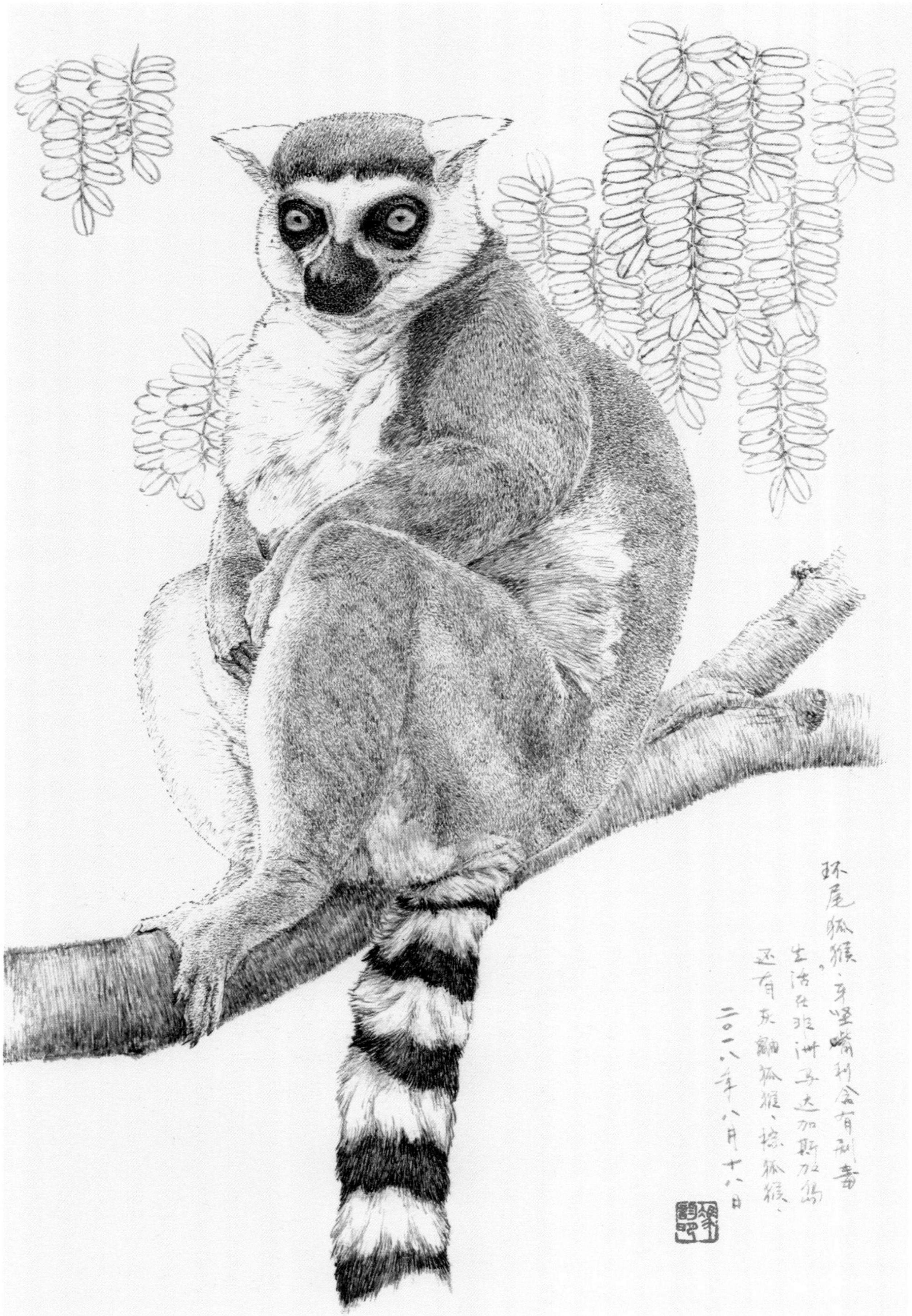
环尾狐猴、牙坚嘴利含有剧毒
生活在非洲马达加斯加岛
还有灰鼬狐猴、棕狐猴、
二〇一八年八月十八日

环尾狐猴

环尾狐猴

山魈
很长脸，头顶生有长毛一簇，眉骨
向外突出，眼下有深红的鼻子，两边
的艳兰色的脸颊中还透着紫色，
吻部长有密密的白或橙色的
胡须。
二〇〇九年
三月二日

山魈

山魈

狒狒

狒狒

猩猩（思想者）

虎 狮 豹 猫

虎、狮、豹、猫，都是食肉目猫科动物。

凡猛虎者，皆雄健有力、威猛无比。所谓“虎啸生风”，足以证明虎作为“兽中之王”的气势。虎，在中国传统文化里是正义、勇猛、威严的象征，虎常常与龙并称，有着“云从龙、风从虎”的说法。

虎是猫科动物顶端最为完美的捕食者，它们主要以大中型食草动物为食，曾对生态环境有很大的控制调节作用。作为自然界生态中不可或缺的一环，虎拥有敏锐的听力、夜视力以及惊人的跳跃能力。在它庞大的体型与有力的肌肉之外，虎最显著的特征，是全身布满黑黄色斑纹，斑纹延伸至脑门上，有时会呈现汉字的“王”字。

在中国的东北、华南地区，虎常出没于山脊、矮林灌丛和岩石较多的地方，是中国的一级保护动物。

狮，俗称狮子，因天性凶猛、好斗，被称为“草原之王”。狮子是一种生存在非洲与亚洲、现存平均体重最大的猫科动物，也是世界上唯一的雌雄两态的猫科动物。

非洲狮，因其强壮的体型和力量，又被称作“丛林之王”。毛色以浅棕色为主，体长可达 3.6 米，尾巴最长也可以达到一米，体重可达 180~300 公斤。狮子喜欢群居，最大的狮群有多达 30 个成员，其中包含连续的几代雌狮，至少一头成年雄狮和一些成长中的狮幼仔。狮群的捕食对象范围很广，常捕杀非洲水牛、瞪羚、长颈鹿，但它们更愿意猎食体型中等偏上的有蹄类动物，比如斑马、黑斑羚以及其他种类的羚羊。

大约 2.1 万年前，狮子才开始走出非洲，最远抵达亚洲的印度等地。亚洲狮曾经在亚洲地区有广泛分布，但因人类的猎杀和环境的破坏，现在亚洲狮几乎走向了灭绝。

豹是大型猫科动物中体型最小的，平均身长两米左右，体重 60~100 公斤，长长的尾巴在奔跑时可以帮助豹保持平衡，奔跑时速可达 80 千米。豹是敏捷的猎手，既会游泳，又会爬树，性情机敏，智力超常，嗅觉听觉视觉都很好，它亦是少数可适应不同环境的猫科动物，性情孤僻，平时单独活动。豹虽会游泳，但它不喜欢水，从不到水中游耍。

豹躯体细长，四肢有力，爪强锐，皮毛呈黄或橙黄色，全身布满大小不同的黑斑或古钱状的黑环。头圆较大，颈稍短，鼻部毛极短，为黄色，上无黑斑点。嘴的侧上方各有五排斜形白色胡须。据说，世上每一只金钱豹都有自己独特的斑点图案，就像人的指纹各不相同一样。

人类对猫的喜爱是无须赘言的。

猫，平均体重三四公斤，大多数全身披毛，毛皮毛色纷繁。趾底有脂肪质肉垫，趾端生有锐利的爪。猫行走无声，并有非凡的跳跃和着陆能力。有研究者认为，从生物进化史来看，猫的历史比人类要长。人们常说：猫有九条命。世界各地有许多关于猫有九条命的故事和传说，其实呢，猫被赋予有九条命，是因为它们卓越的跳跃能力和着陆能力。

虎

虎

虎

老虎，山霸，百兽之王，过去画虎头的特点
是额上有个王字，今日画虎才注意到
虎的侧面上有个山字花纹。
二〇〇八年四月卅日

虎

虎

虎

狮

狮

狮

雄狮
向在五·一二四川汶川八级大地震中死难者哀悼。我们会再次雄起，定会雄起。这是让死者在天国里最好的安慰。
二〇〇八年五月廿日

狮

狮

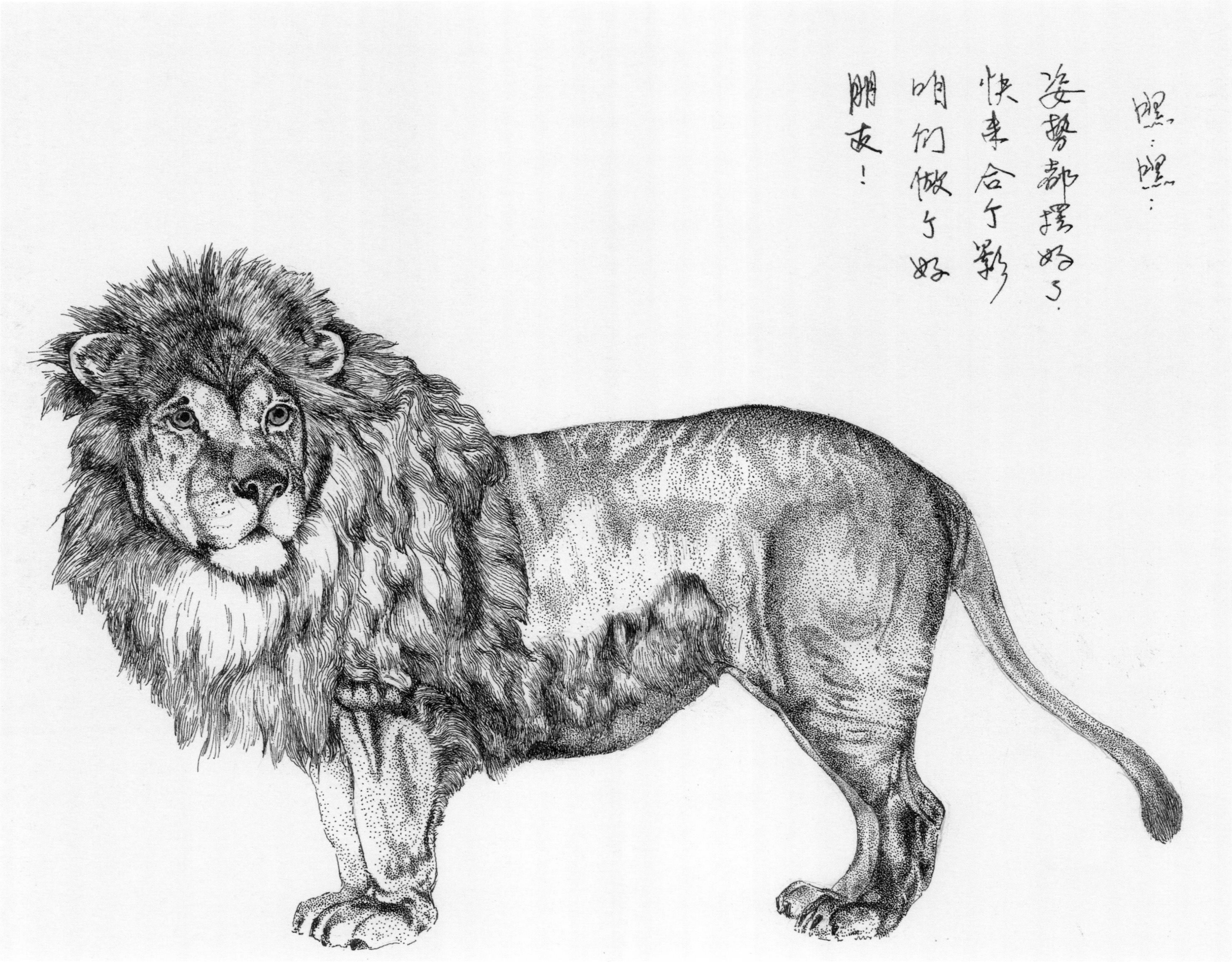
嘿嘿：
姿势都摆好了。
快来合个影
咱们做个好
朋友！

狮

幼狮和妈妈

小猎豹

猎豹

猎豹

猎豹

金钱豹

豹

等大餐
猫咪猫真福份，等等
主人上大餐，话说
猫捉老鼠原本性，
改革开放大师
邓小平名言響
震天地，逮着
耗子是好猫，不
管白猫或黑猫。
现时有猫很乖
巧，长得富态
又华丽，见了老鼠
两相安，得宠的
结果。
二〇一六年元月廿日
丙戌春节初三
添毅明

猫

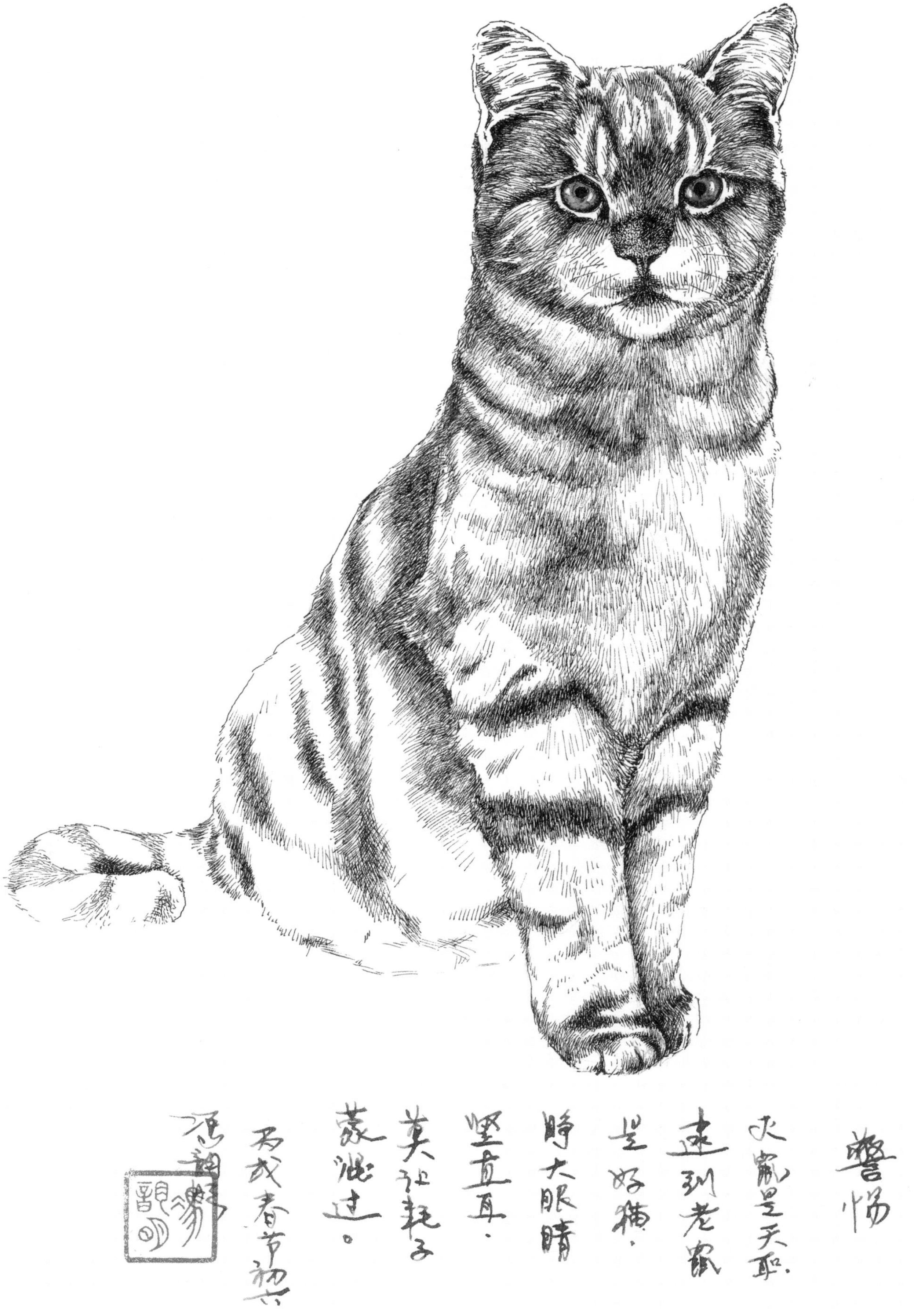
警惕
老鼠是天敌，
逮到老鼠
是好猫，
睁大眼睛
竖直耳，
莫让耗子
蒙混过。
丙戌春节初六

猫

猫

豹猫

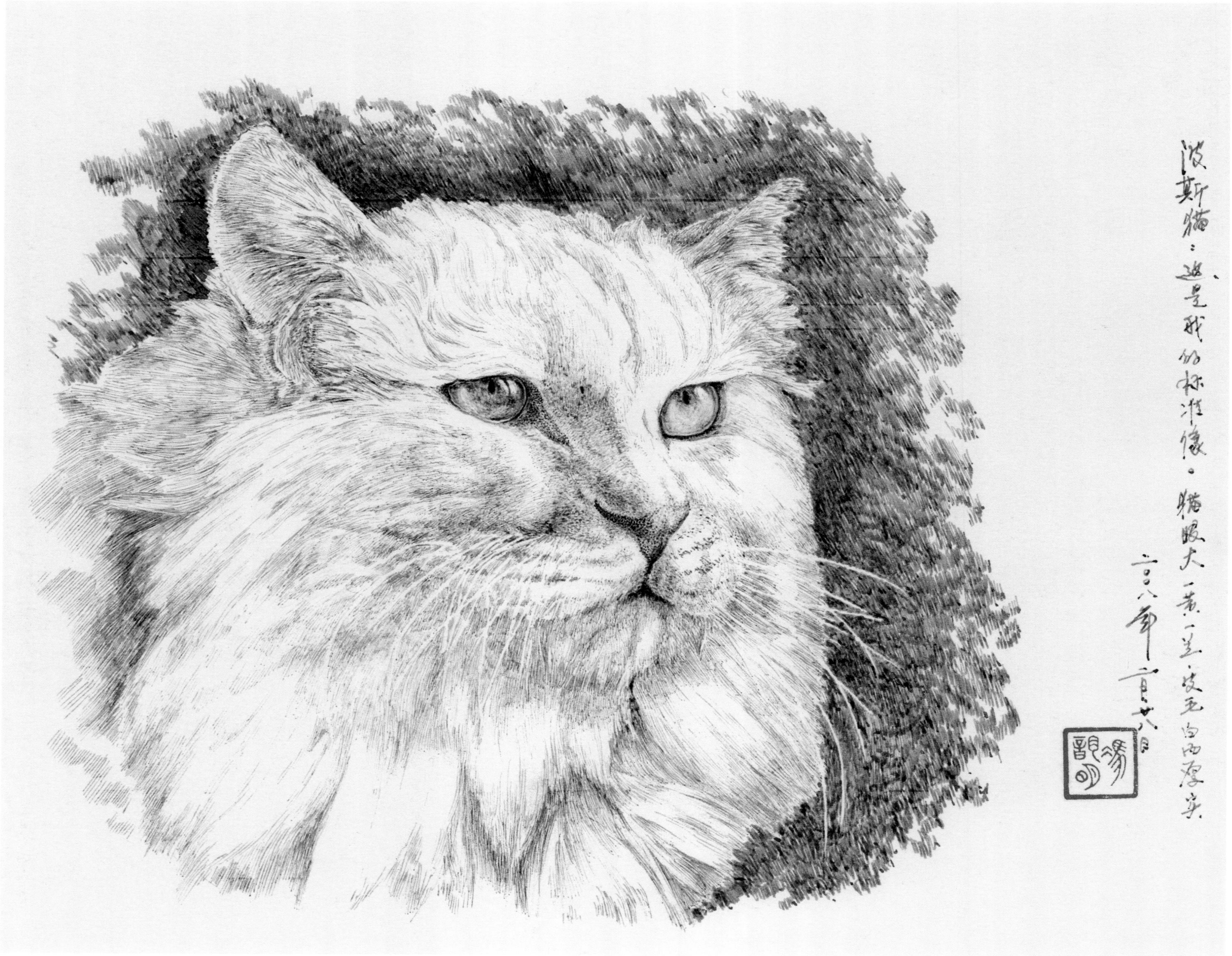
波斯猫：这是我的标准像。猫眼大一黄一蓝，皮毛白而厚实

波斯猫

狸花猫

加拿大无毛猫（斯芬克斯猫）
未知此物之名见到这怪：形像疑是宇宙
中来的外星人，引起好奇兴趣就查下资料，
國外科幻影片中猫乘UFO中的外星人是否参
照了此猫的形像。有毛动物用脱毛结毛很适用，
效果好，效率也高些，而用其来对这无毛猫确很
费劲，所花时间是有毛动物的二倍。
二〇一二年三月

无毛猫

挪威森林猫
在完成郭沫若先生浮雕承装镜框前有时间
面对白纸，数天中这空间慢慢钻出一个生灵——猫头，
当点上眼睛后，它仿佛活了，炯炯有神的目光注视
着你，好象彼此有话要说。
千百年来猫早成为人类的宠物，原本捉老鼠是猫的
天性，由于人的过度豢养使有些猫失去了本性，曾见
过一则照片记录老鼠成了猫的玩伴，一起玩耍一起进食，
天敌成了朋友。也许这样就有了不管白猫
黑猫逮住老鼠就是好
猫的说法。
二〇二二年七月

挪威森林猫

熊 熊猫 浣熊

熊、熊猫属于熊科动物；浣熊属于浣熊科动物。

说到熊，它们憨态可掬的样子、滑稽的讨食行为经常惹得我们开怀大笑。

熊是偏向草食性的食肉目动物，它们既食青草、嫩枝芽、苔藓、浆果和坚果，也到溪边捕捉蛙、蟹和鱼，它们掘食鼠类、掏取鸟卵，更喜欢舔食蚂蚁、盗取蜂蜜，甚至袭击小型鹿、羊或觅食腐尸。生活于北方寒冷地区的熊有冬眠现象，时间可持续四五个月。熊冬眠的洞穴一般选在向阳的避风山坡或枯树洞内。而生活在亚热带和热带地区的熊往往不冬眠。熊一般是温和的，不主动攻击人，也愿意避免冲突，但当它们认为必须保卫自己或自己的幼崽、食物或地盘时，也会变成非常危险而可怕的野兽。

亚洲黑熊天生近视，百米之外看不清东西，不过它的耳、鼻灵敏，顺风可闻到 500 米以外的气味，能听到 300 步以外的脚步声。棕熊遍布亚、欧、北美三大洲，它们的胃口好极了，荤的、素的都爱吃。白熊生活在北极，名北极熊。它们体大凶猛，在北极地区是“土皇帝”。

大熊猫，有“活化石”之称，在中国出土有地质年代为中新世晚期的大熊猫的化石，也就是说，在 800 万年前，大熊猫的祖先就生活在中国的西南地区了。而距今几十万年前，则是大熊猫的极盛期。

大熊猫是中国特有的动物，其实，人家大熊猫的标准学名叫“猫熊”，就是“像猫一样的熊”，这是因为它的脸像猫，瞳孔也像猫一样是纵裂开的，但庞大的身体像熊。而在中国民间，大熊猫又有白老熊、花熊等称呼。据古动物学家考证，大熊猫是由吃肉的拟熊类演变而成的，所以大熊猫跟黑熊、灰熊们同属熊科。

也不知从什么时候起，大熊猫好像变得斯文了，它们最喜欢的食物是竹子了，当然，饿极了也还是什么都吃的。妙哉的是，大熊猫都成素食动物了，但它们还是肥硕似熊。大熊猫的头部和身体毛色黑白相间分明，非常独特，惹人喜爱。

浣熊，虽然名“熊”，但它不是熊科动物。浣熊原产自北美洲，眼睛周围有一圈深色的毛，体型较小。它的爪子非常灵敏，甚至可以依靠爪子测量食物的重量、尺寸、材质以及温度。它喜欢吃鱼、两栖动物和鸟蛋。浣熊栖息在河湖附近，一般在树上建造巢穴，它是“游泳健将”，而且喜欢夜里活动。

熊

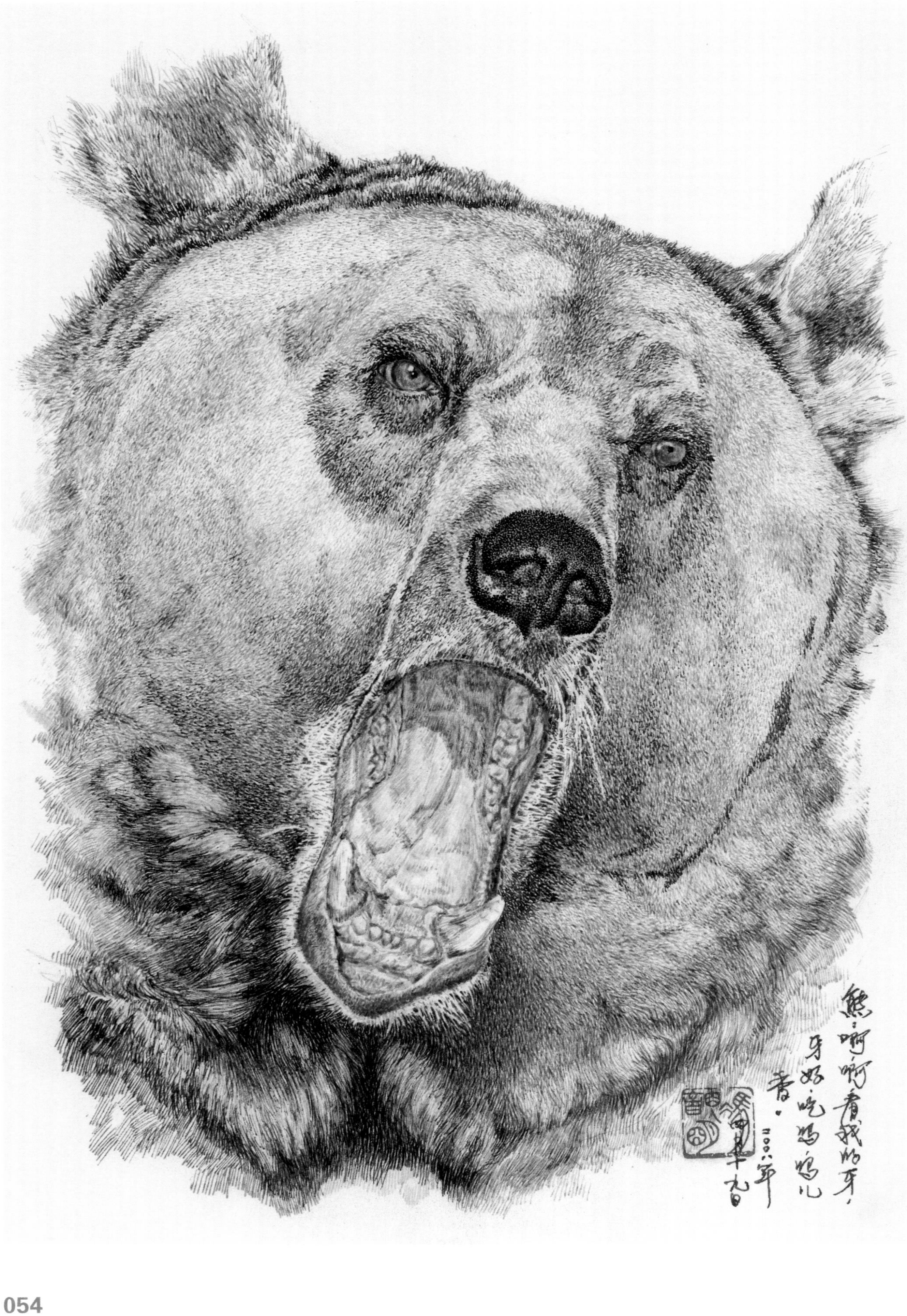
熊：啊、啊看我的牙，
牙好，吃嘛嘛儿
香。
二〇〇八年
十九日

熊

熊

熊猫

熊猫

熊猫

熊猫

熊猫

浣熊

狼 狗 狐狸

狼、狗、狐狸都是犬科动物。

狼是猛兽之精英，在动物界以贪婪、凶暴著称，它用牙齿作武器，征战厮杀，获取食物，被誉为地球上最迅猛的食物链顶级杀手之一。狼的嘴较尖，耳朵直立，尾巴下垂。毛通常为黄褐色，两颊有白斑。它们聪明狡猾也凶狠，多昼伏夜出，捕食野生动物的能力很强。狼是群居性物种，有领地性，通常以嚎叫声宣告自己的领地范围。

狼群是一个非常社会化的团体，它们一起生活、一起狩猎。由最强的雄性领导，所有成员都要帮助照顾幼狼。狼群的领地很大，一般可在 94~1300 平方千米之间。它们曾经遍布整个北半球，在草原、苔原、针叶林和落叶林、沼泽和沙漠中，都曾有它们的身影。

从古至今，狗始终是人类的朋友。狗是一种很常见的犬科动物，也是人类饲养率最高的宠物。有科学家认为，狗被早期人类从“狼”驯化而来，驯养时间大概在几万年前，狗的存在和进化与人类文明发展有着千丝万缕的联系。狗活泼好动、聪明伶俐。狗摇尾巴和人微笑一样，是一种沟通方式。狗的嗅觉非常灵，狗鼻子大约能辨别 200 万种不同的气味。狗的听觉能力很强，听的最远的距离大约是人的 400 倍。

狗最常见品种有：大白熊犬、古英国牧羊犬、苏格兰牧羊犬、金毛寻回犬、拉布拉多猎犬、藏獒和高加索犬等。

寓言传说中，狐狸是聪明又狡猾的动物，这也是狐狸物种的显著特点。狐狸，又叫红狐、赤狐和草狐。它们灵活的耳朵能对声音进行准确定位，嗅觉灵敏，细腿能够快速奔跑，主要以鱼、蚌、虾、蟹、鼠类、鸟类、昆虫类小型动物为食，有时也采食一些植物。

实际上狐狸是民间对这一类动物的通称，种类繁多，有北极狐、赤狐、银黑狐、沙狐等。狐狸的性格机敏多疑，常在神话故事中以“狐狸精”出现。狐狸虽在远古也曾作为人类某些族群的图腾，但从不出现在正式祭祀中，皆因其形象多与狡诈鬼祟相关联。

狼

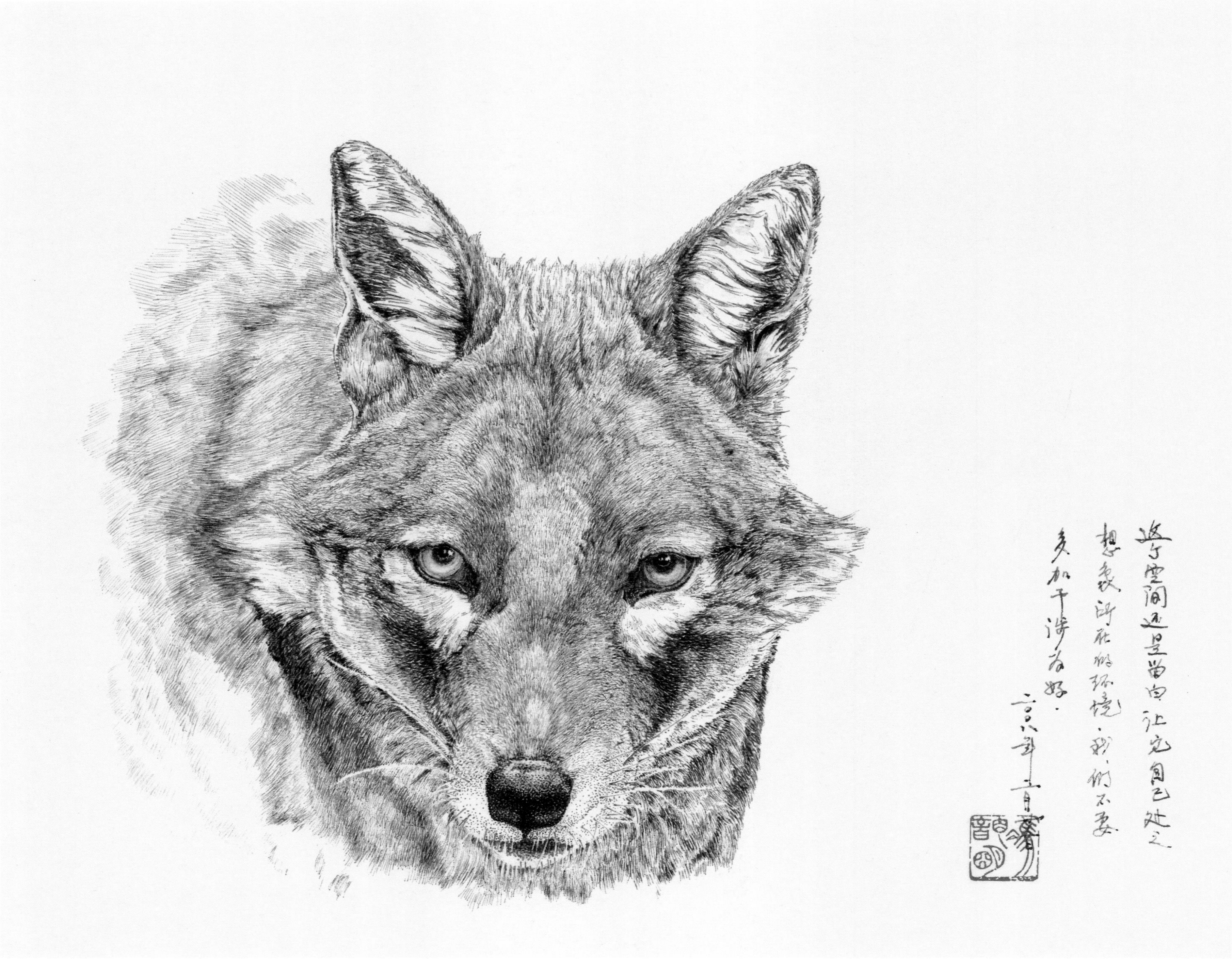
这个空间还是留白让它自己处之
想象所在的环境，我们不要
多加干涉为好。
二〇一八年三月

狼

狼

拉布拉多猎犬
金毛寻回犬

雪纳瑞犬
史宾格寻回犬

苏格兰牧羊犬

蝴蝶犬

巴哥犬

拉布拉多犬

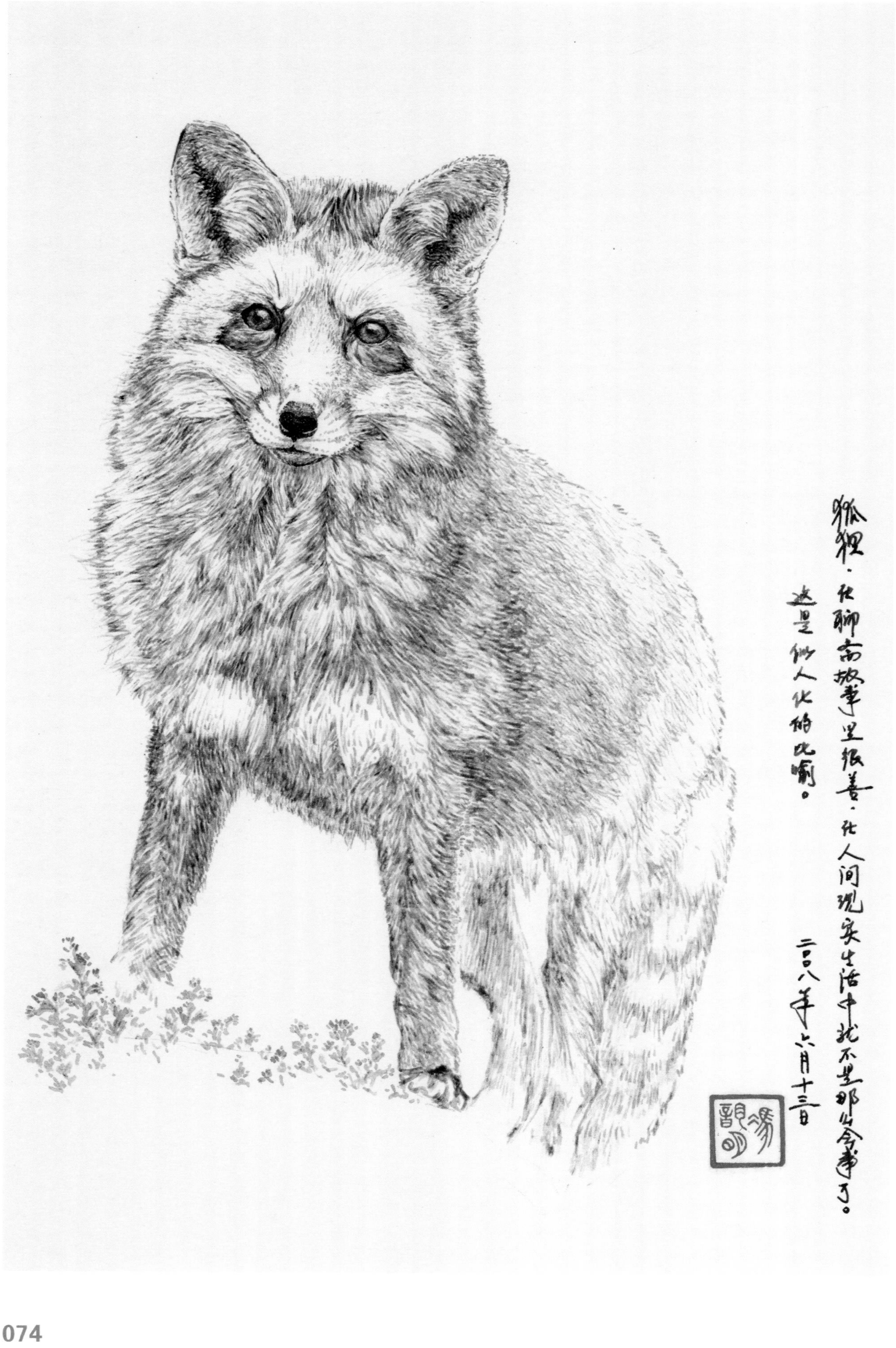
狐狸，在聊斋故事里很善，在人间现实生活中就不是那么回事了。
这是拟人化的比喻。
二〇〇八年六月十三日

狐狸

小狐狸最欢喜
幸福的时到Ｏ
二〇八年十一月方

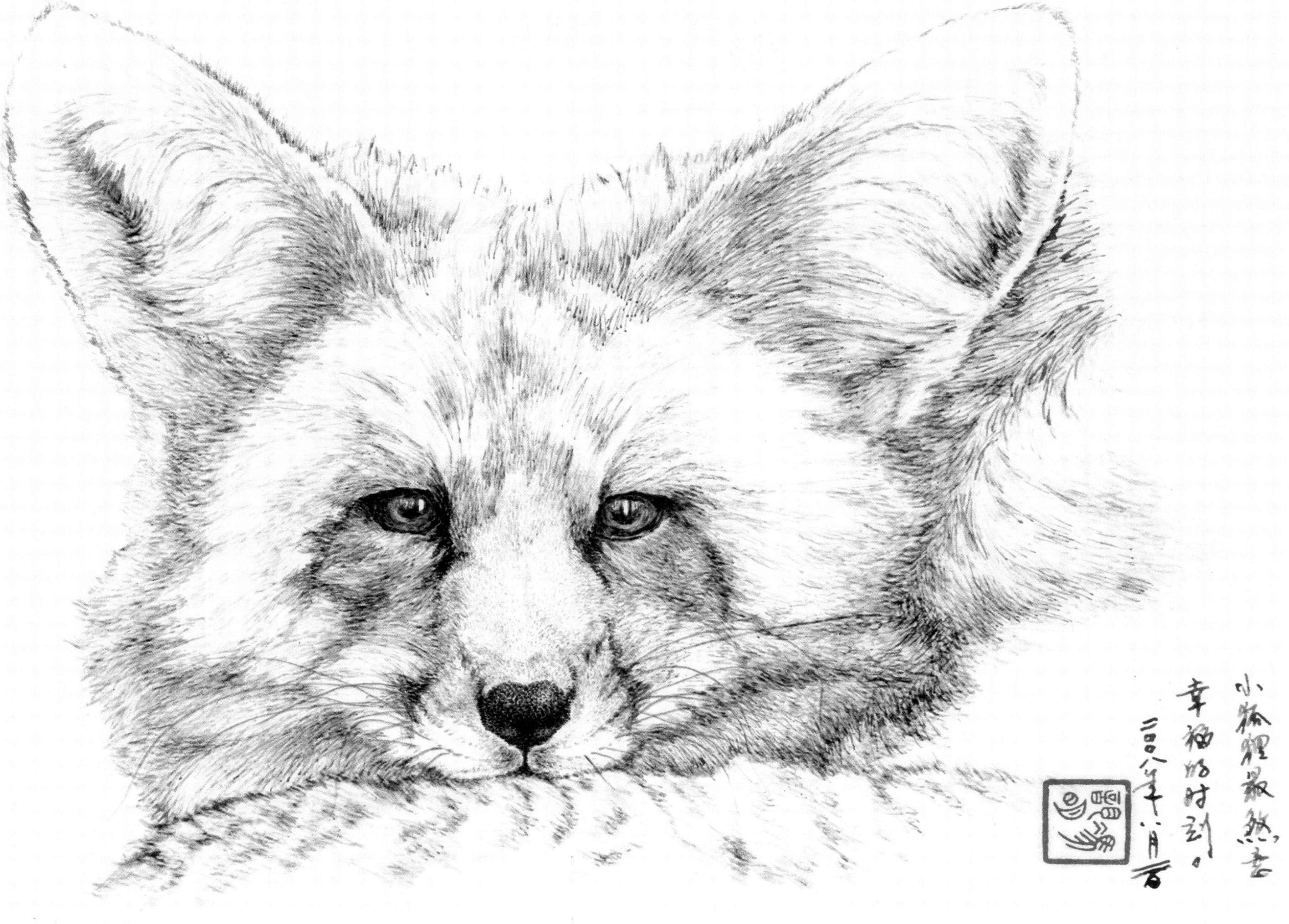

小狐狸

狐狸

红狐
写真图不是遗像。
画此图时特别注意到它的眼神，似乎有些惊恐。适合生活的空间越来越小，她害怕失去生存的空间。
二〇一八年

红狐

象

大象作为壮硕、温驯、灵动、慈祥的代名词，这种大型食草动物，一直以来受到人们的喜爱。

从在非洲草原上奔跑，到在东南亚丛林中漫步，再到世界各地动物园里的“明星”，大象巨大的身影总会让人印象深刻。它们是目前世界上体型最大的陆地动物，体重可达八吨，肩高三米多，耳大如扇，皮肤坚厚无毛，四肢粗大如圆柱，再加上一条柔韧的可以卷曲的鼻子，其形象便清晰可见。大象是自然界中长鼻目现存的唯一代表，现仅有非洲象和亚洲象与我们人类一起生活在这个世界上。

非洲象现大多生活在非洲的多种自然环境中，它在动物界的地位非常高，任何动物都不能撼动它，就连捕猎能手狮子、猎豹都奈何不得。但它们却不会因为自己身强体壮而欺负弱小者，相处方式大多比较温和。象群在休息时常常站成一圈，把小象围在圈内，保持警惕，以便自卫。非洲象死亡的时候，家族成员会非常悲哀，它们会用象鼻去抚摸死者，然后把残骸分解，将象牙和每块骨头在密林中不同的方向、不同的地方分散藏好。这是非洲象对逝者最好的尊重和守护。

亚洲象常在海拔 1000 米以下的沟谷、河边、竹林、阔叶混交林中游荡。在古代，从西亚的两河流域，往东延伸到中国的黄河流域，都曾经有它们活跃的踪影。不过，亚洲象今日的生存却不容乐观。因为性情温顺，在东南亚它们居然成为家畜中的一员，甚至能够帮助人们修路、拉车、搬运木材、开荒种地。在中国境内，目前只剩下云南西双版纳一带才能找到它们的足迹。

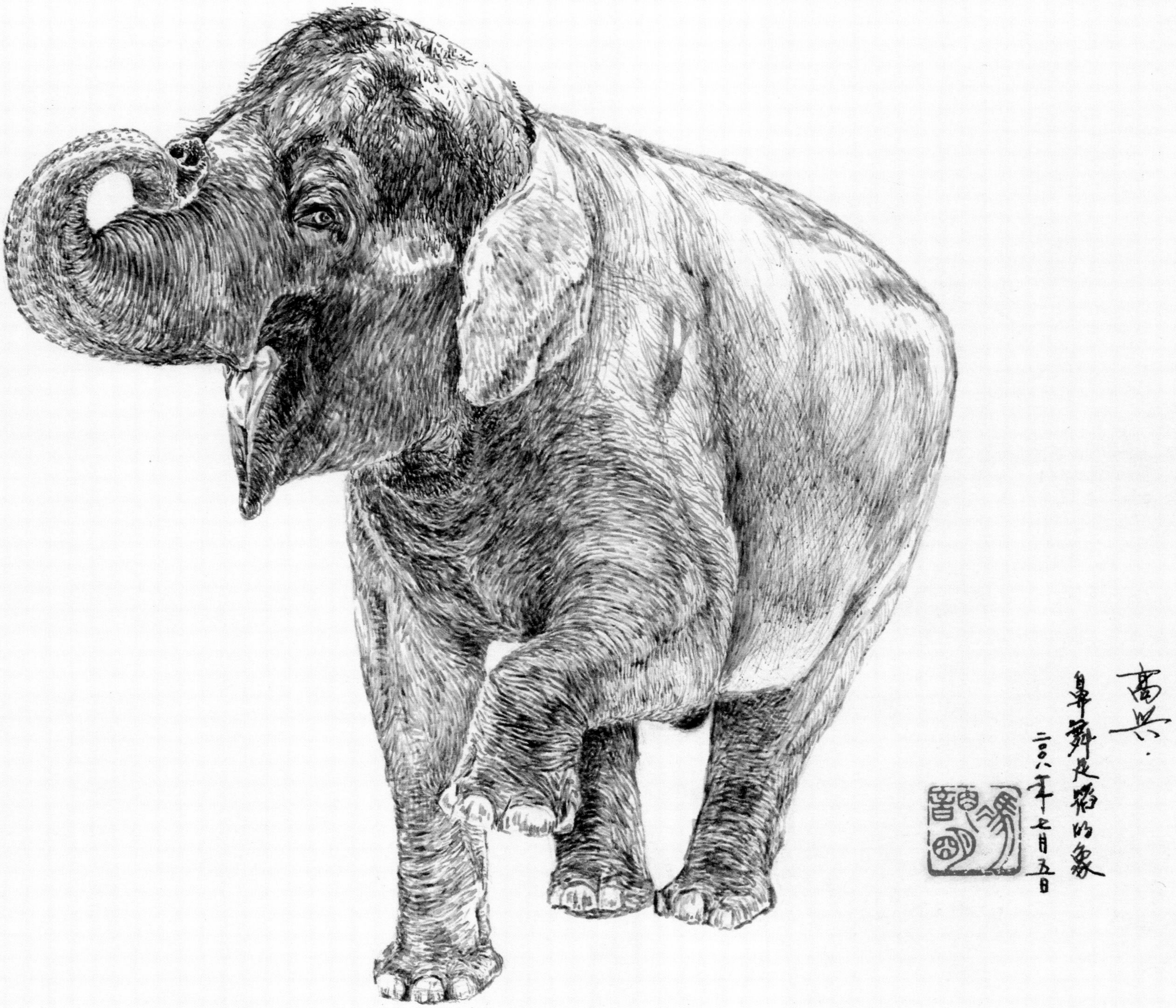

亚洲象

非洲象

马
斑马
角马

马、斑马都属于马科动物。

自古以来，马与人类就有着特殊而密切的关系。对马的驯养和使用一直以来深刻影响着人类生活的方方面面，马在社会进程中更占有不可替代的地位。

马的品种很多，体型相差悬殊。重型品种体重可达 1200 公斤，体高两米；小型品种体重不到 200 公斤，体高不到一米，所谓袖珍矮马仅高 60 厘米。马的毛色复杂，以骝、栗、青和黑色居多；皮毛春、秋季各脱换一次。马胸廓深广，心肺发达，适于奔跑和高强度劳动。马的听觉和嗅觉敏锐，头颈灵活，两眼可视面达 330° ~360° ，在夜间也能看见周围的物体。

马是非常聪明的动物，拥有惊人的长期记忆力。那些受到鼓励的马，不仅可以记得与驯马师在一起的愉悦经历，对驯马师表现出喜爱，也有能力亲近它们并不熟悉的人。马的嗅觉很发达，很容易接收外来的各样信息，并能迅速地做出反应。发达的嗅觉、灵敏的听觉，以及快速而敏捷的动作的完美结合，是千万年来马进化的成功之处，也是马为人类贡献的主要生理特征。

斑马因身上有奇妙的斑纹而得名，而且每只斑马周身的条纹和人类的指纹一样，都是独特的。

斑马的家乡在非洲。人们最常见的斑马是在非洲大平原上生活的平原斑马，它们身上的条纹比较粗；在东非生活着的细纹斑马体格很大，全身条纹窄而密；在南非生活的山斑马全身密布较宽的黑条纹。

斑马是草食性动物，能吃草、灌木、树枝甚至树皮，所以它们能在低营养条件下生活，对非洲疾病的抗病力比马强。但斑马始终未能被驯化成家畜，也没有能和马进行杂交。

角马，因为长了个马面孔，名字里便有了个马字，其实它的牛科动物，所以角马也叫牛羚。角马是一种大型的羚牛，有白尾角马和斑纹角马两种，生活在非洲草原上。

角马头大肩膀宽，正面看很像水牛，但它的后半身修长又像马。角马有黑色的脸，脸上还长有胡须。它们块头儿很大，体重可达 270 公斤，一般寿命在 15~20 年间，属于长寿动物。

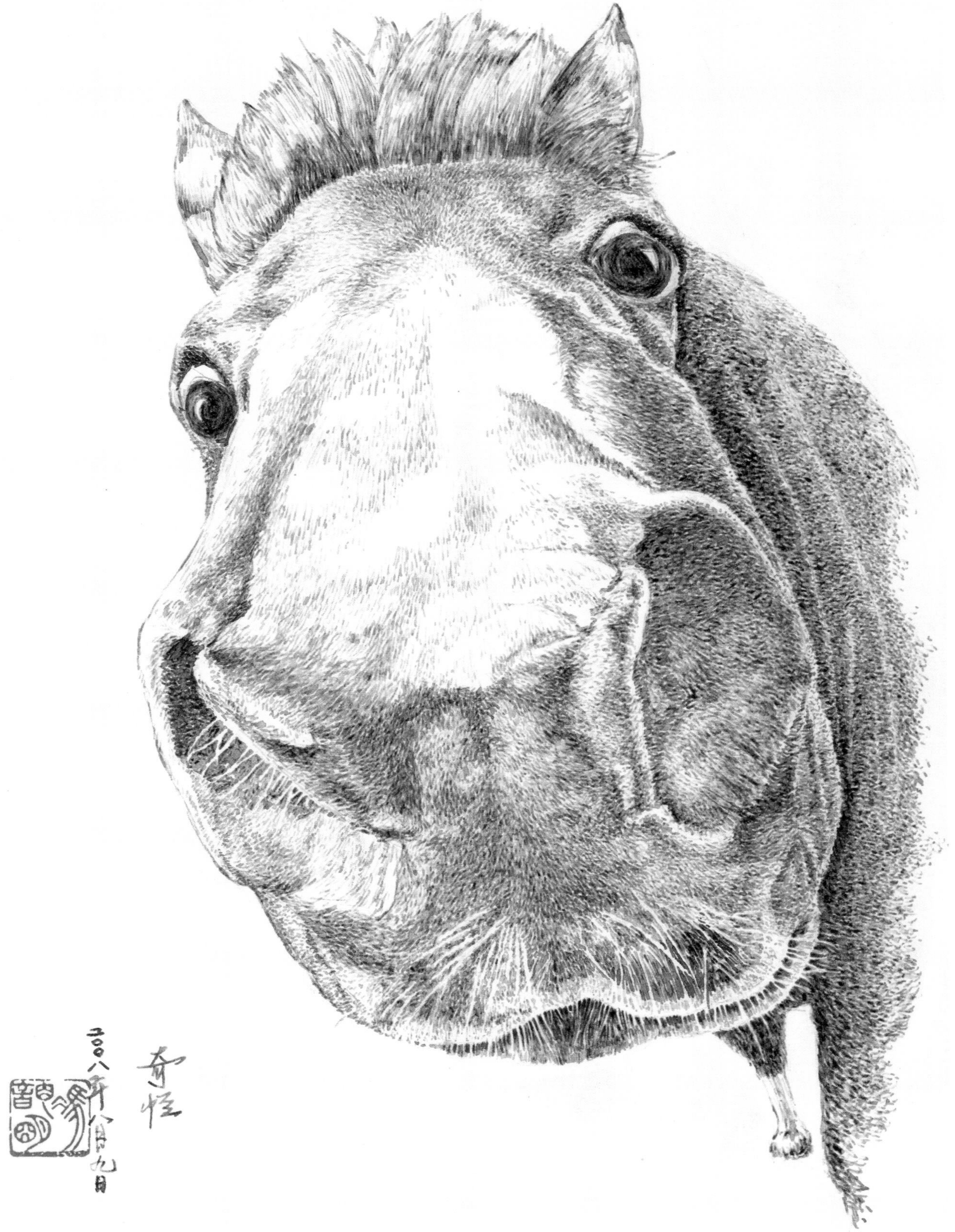

马

斑马

斑马

斑马

角马

鹿
长颈鹿

鹿，在世界上的分布非常广泛，从赤道到两极都有它们的足迹。在生物分类学中，鹿类动物包括麝科、鹿科、长颈鹿科等科的动物。

鹿，美丽温驯，鹿角挺拔，斑点美丽，雄健善跃。在人类与鹿相处的悠久历史中，鹿成为仁爱之兽，象征着安宁、幸福、祥和。鹿出现在距今3500万年前，此后它们在地球上整整游历了1000万年却还没有生出角来。到了中新世早期，鹿才真正告别了“童年”，鹿角开始分支，越来越像今天的鹿了。角是鹿科动物所特有的结构，是雄性鹿科动物第二性征的表现，也是区别于其他有蹄类的标志之一。

我国是世界上养鹿最早、最多的国家，其中以梅花鹿最为名贵，为国家一级保护动物。无论雌雄，梅花鹿都有一双大而圆的眼睛，长耳朵竖在两边，还长着长脸、长脖子和大长腿，十分讨人喜欢。它们全身遍布白色斑点，像朵朵梅花，这也是“梅花鹿”一名的由来，据说这种白斑能够模仿树荫下的太阳光斑。它们的毛色会根据季节改变，一般来说冬毛比夏毛颜色要暗淡一些。除了身体斑点，梅花鹿还有两个快速识别特征：一是臀上的两个大白斑，二是短短的尾巴。梅花鹿是亚洲东部的特产种类，除了中国，在俄罗斯东部、日本和朝鲜也有分布。

长颈鹿生长在非洲，拉丁文名字的意思是“长着豹纹的骆驼”。它们是世界上现存个子最高的陆生动物，站立时由头至脚最高可达 8 米，刚出生的幼仔就有 1.5 米高。长颈鹿生活于非洲热带、亚热带稀树草原和树木稀少的半沙漠地带。在野外，长颈鹿的寿命为 27 年左右。它们没有领土意识，善于交际，形成松散的群体。

喜欢群居的长颈鹿，有时和斑马、鸵鸟、羚羊混群，嗅、听觉敏锐，性机警、胆怯，平时走路悠闲，但奔跑迅速，时速可达 70 千米。晨昏觅食，在野外主要吃各种树叶，尤喜含羞草属的树叶，一头长颈鹿每天能摄入 63 千克树叶和嫩枝。耐渴，在树叶水分充足的情况下可以一年不喝水。

梅花鹿

梅花鹿

梅花鹿

白尾鹿

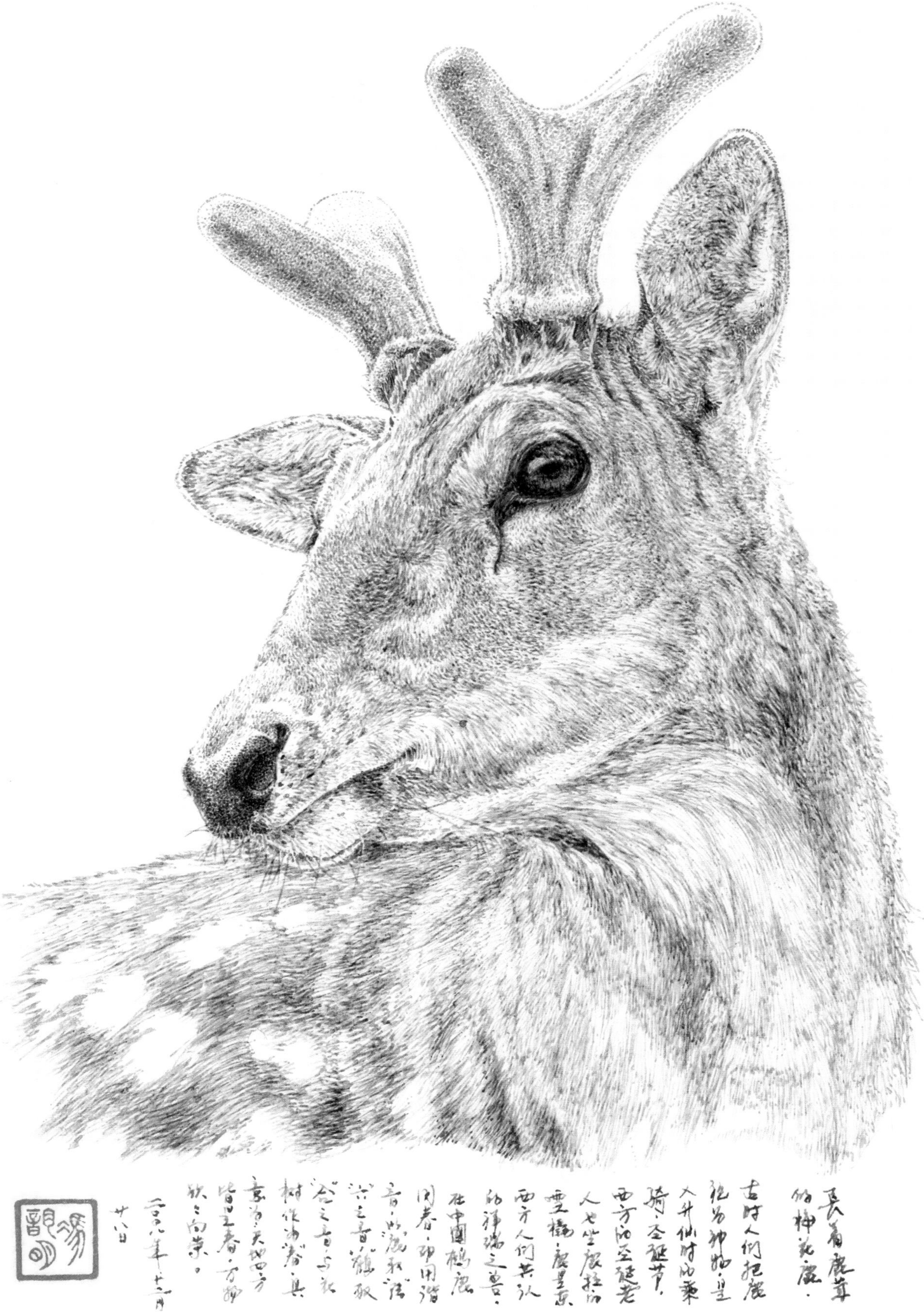
長着鹿茸的梅花鹿。古时人们把鹿视为神物，是人升仙时的乘骑，圣诞节，西方的圣诞老人也坐鹿拉的雪橇，鹿是东西方人们共认的祥瑞之兽。在中国梅鹿同春，即用谐音，如鹿取"禄""六"之音，鹤取"合"之音，与松树作为背景，其意为天地四方皆呈春，万物欣欣向荣。
二〇〇八年十二月廿八日

梅花鹿

毛冠鹿

麋鹿

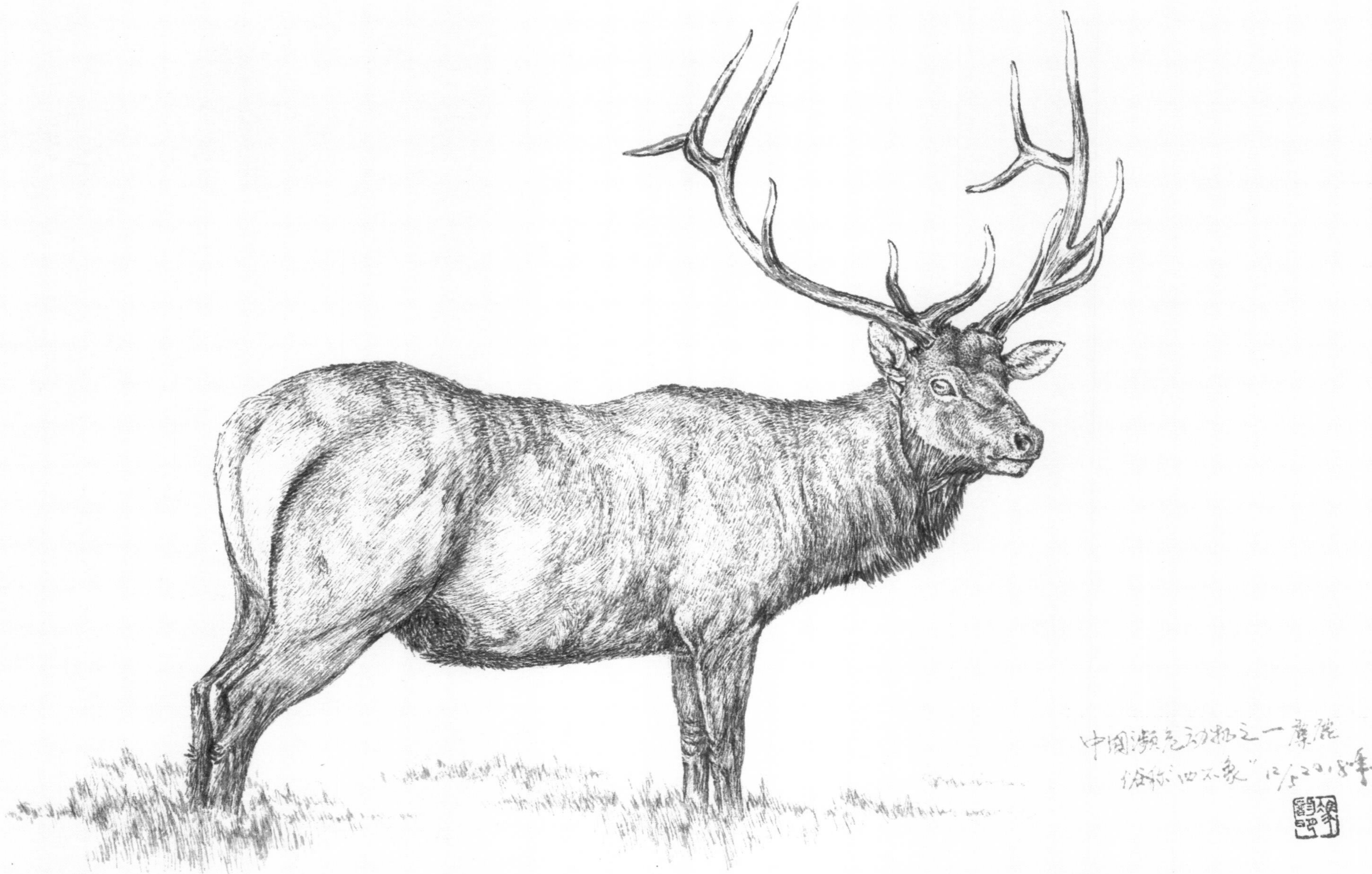
中国濒危动物之一 麋鹿
俗称"四不象" 12/5 2018年

麋鹿

长颈鹿

长颈鹿

长颈鹿

长颈鹿

山羊 羚羊

山羊、羚羊，都属于牛科动物，分别属于牛科的羊亚科、羚羊亚科等亚科。

在这个世界上，羊是人类最早驯化饲养的家畜之一。中国传统文化与羊有着很密切的关系。据考古发现，距今大约8000年前的河南新郑裴李岗文化遗址以及距今约7000年前的浙江余姚河姆渡文化遗址中，都已出现了陶羊……可以说，“羊的基因”几乎渗透进中国传统文化的方方面面。

家羊有两种：山羊和绵羊，它们几乎是同一时期被驯化的。山羊四肢健壮，头较长，颏下有须，雄性的须比雌性长。雌雄均有角，雄性角粗重。绵羊则以厚厚的毛皮为人类服务。

羚羊是对一类偶蹄目牛科动物的统称，总共有80多种。羚羊长有空心而结实的角。

瞪羚，属羚羊亚科的一属。之所以叫瞪羚，是因为它两只眼睛特别大，眼球向外凸起，看起来就像瞪着眼睛一样。瞪羚是非常敏捷的动物，以每小时80千米的速度跑下来，跑上一个小时都不觉得累。大多数瞪羚生活在非洲大草原，只有少数生活在亚洲。

非洲大羚羊是所有羚羊中最大的。它的个子巨大，上角有旋转，所以又有非洲旋角大羚羊的称呼。大羚羊的肩高最高可达1.8米多；身长最长3.3米；体重最重的达一吨。雌雄大羚羊都有角，雌羊的角较细长，最长的达一米以上；雄羊的角一般不超过90厘米。在非洲，大羚羊喜欢栖息在开阔的草原或稀疏的树林，成群活动。白天炎热时休息，清晨和傍晚活动觅食，吃树叶、灌木、多汁的果子及草。

山羊

山羊

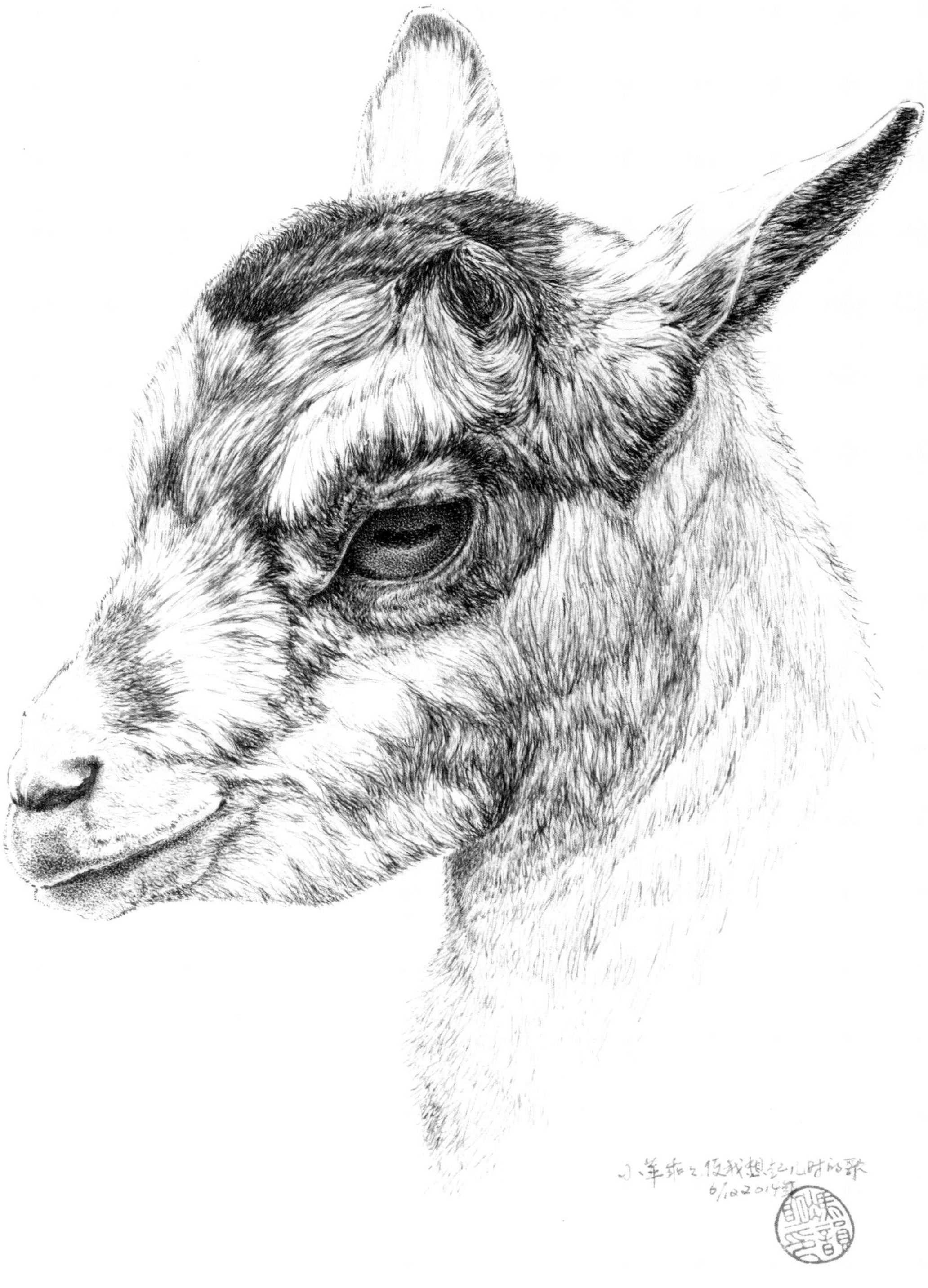
小羊乖乖使我想起儿时的歌
6/12 2014年

小羊

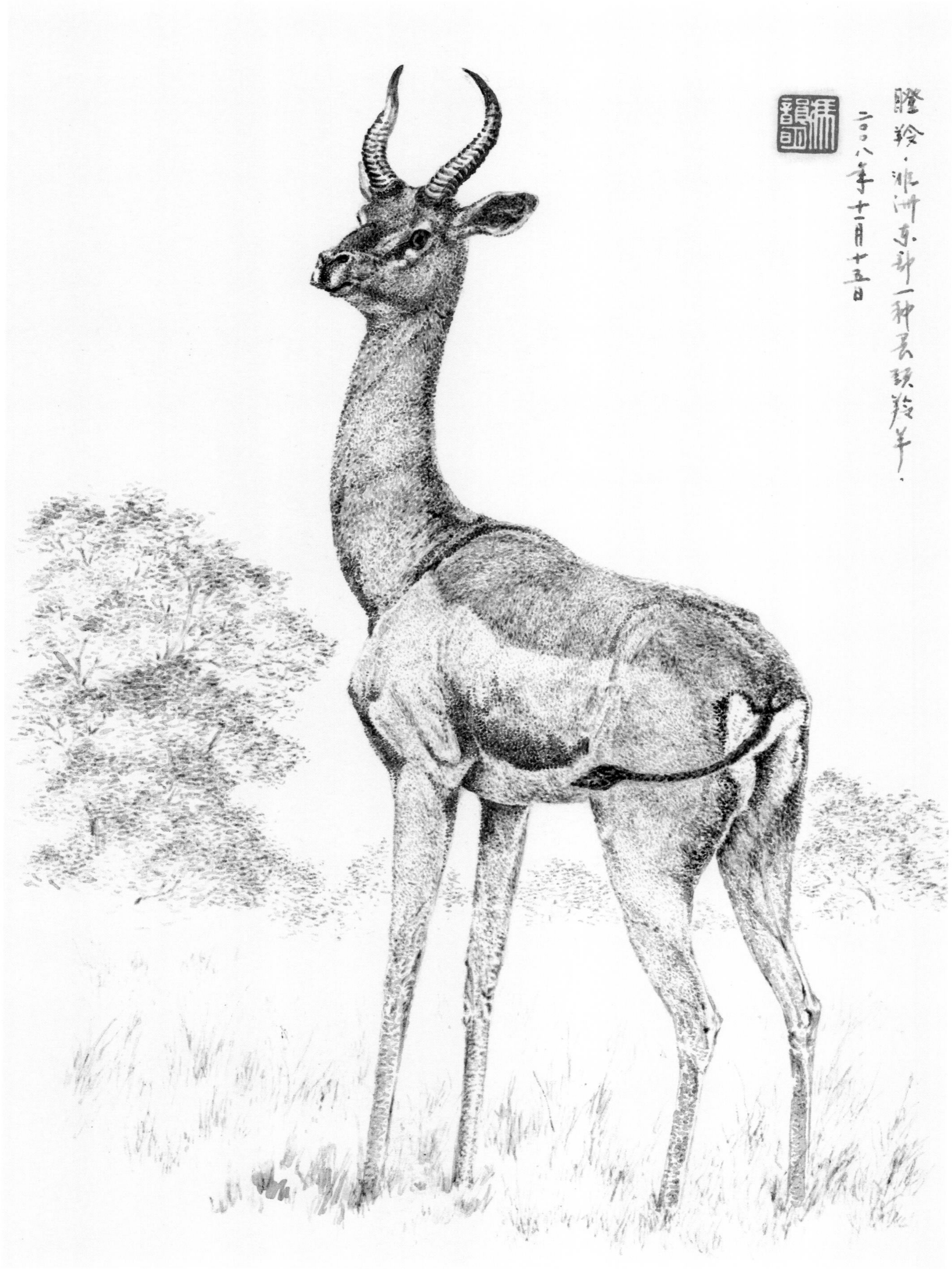
瞪羚·非洲东部一种长颈羚羊。
二〇〇八年十二月十五日

瞪羚

非洲羚羊

大角羚羊

大角羊

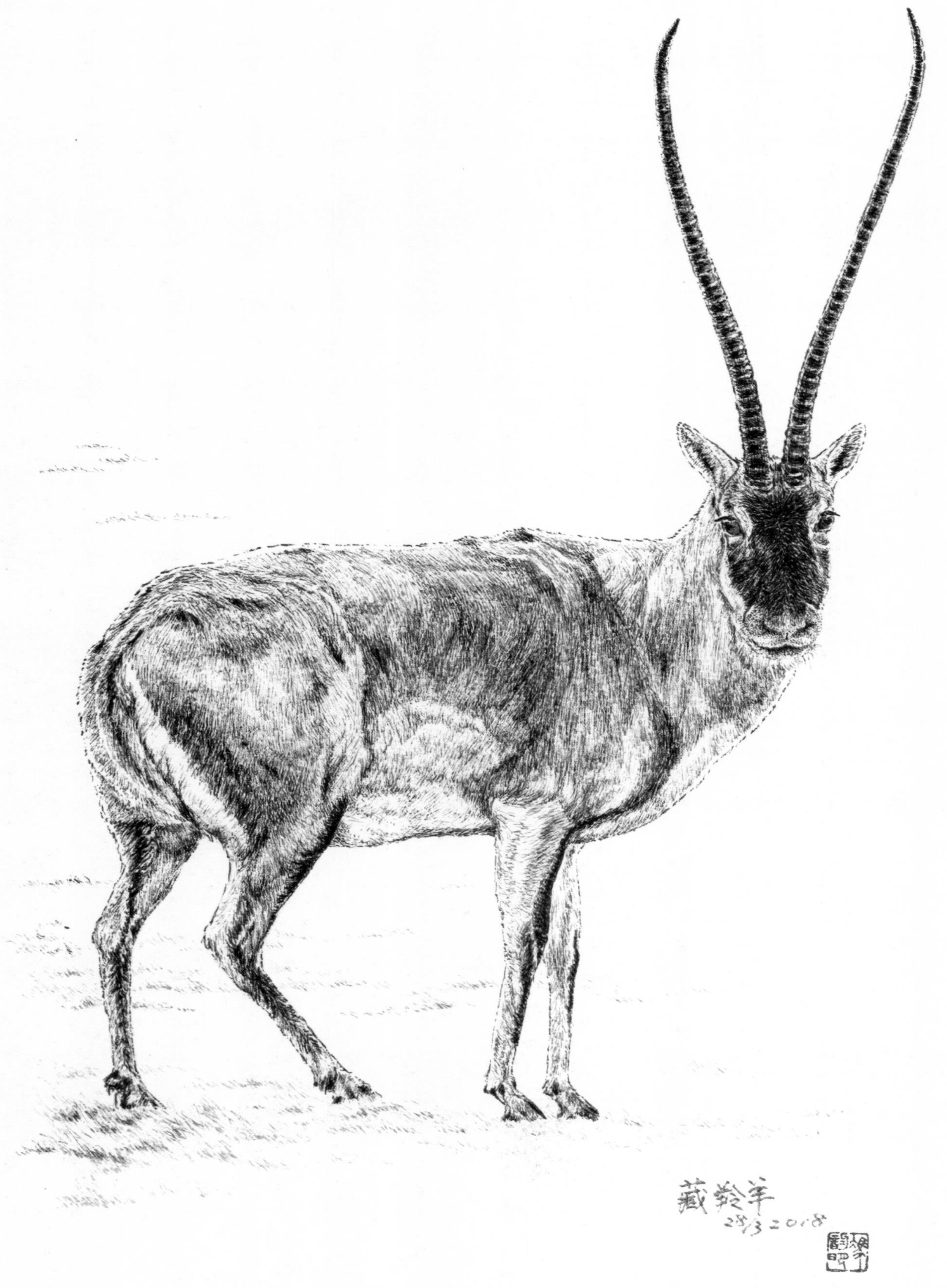

藏羚羊

袋鼠 考拉

袋鼠和考拉都是有袋类动物：袋鼠属于袋鼠科；考拉属于树袋熊科。

袋鼠主要生活在澳大利亚大陆和巴布亚新几内亚的部分地区，从温带雨林和沙漠平原到热带地区，都有袋鼠在蹦蹦跳跳。袋鼠食草，喜欢吃多种植物，大多在夜间、清晨或傍晚活动。

所有袋鼠，不管个头儿多大，都有一个共同的特点：后腿特别强健，后脚特别长。由于前肢不发达，袋鼠以跳代跑，最高可跳到 4 米，最远可跳至 13 米，可以说袋鼠是世界上跳得最高、最远的哺乳动物。袋鼠的尾巴又粗又长，长满肌肉，在跳跃过程中用尾巴进行平衡，当它们缓慢走动时，尾巴则可作为第五条腿。所有雌袋鼠都有一个育儿袋，育儿袋里有 4 个乳头。小袋鼠就在育儿袋里被抚养长大，直到它们能在外部世界生存。

袋鼠是群居动物，有时多达上百只的袋鼠生活在一起。

考拉是一种憨态可掬的动物，酷似小熊。学名叫树袋熊、无尾熊等。但实际上，考拉真的不是熊，而且它和熊之间相差甚远。

据说，考拉至少在地球上生活了 1500 万年了。出土化石证明，2500 万年前，类似考拉的动物就已经存在于澳洲大陆上了。在漫漫历史长河中，考拉曾是当地土著居民的重要食物，它也成为澳洲土著神话与传说的重要组成。目前，考拉栖息于澳大利亚东部沿海一带。

考拉非常适于树栖生活，在高大的桉树上尽享其乐。它的身体长约 70~80 厘米，成年体重 8~15 公斤，有一身又厚又软的浓密灰褐色短毛，有一对大耳朵。考拉是没有尾巴的，为了长时间舒适潇洒地坐在树上，考拉的尾巴已经退化成一个“坐垫”。考拉特别善于攀树，且多数时间都待在高高的树上，就连睡觉也不下来，而且它们每天会睡上 18~22 个小时。考拉特别挑食，它们只吃桉树的树叶和嫩枝，几乎从不下地饮水，所以当地人又称它“克瓦勒”，意思就是“不喝水”。考拉喜欢独居，它们通过发出的嗡嗡声和呼噜声交流，也会通过散发的气味发出信号。除了猛禽外，考拉几乎没有其他的天敌。

袋鼠

树袋熊

树袋熊

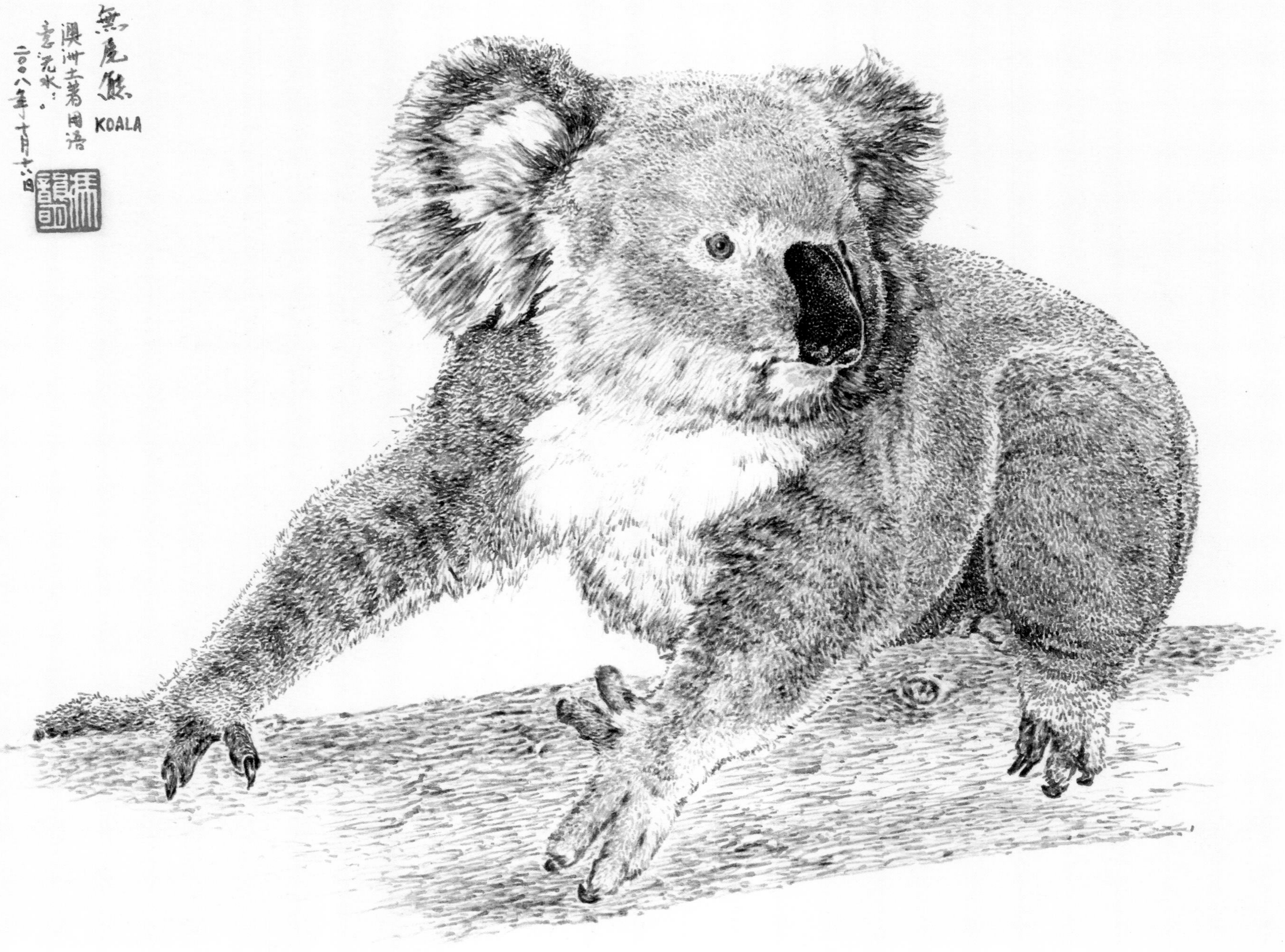

無尾熊
KOALA
澳洲土著用語
意：沒水。
二〇〇八年十月十六日

树袋熊

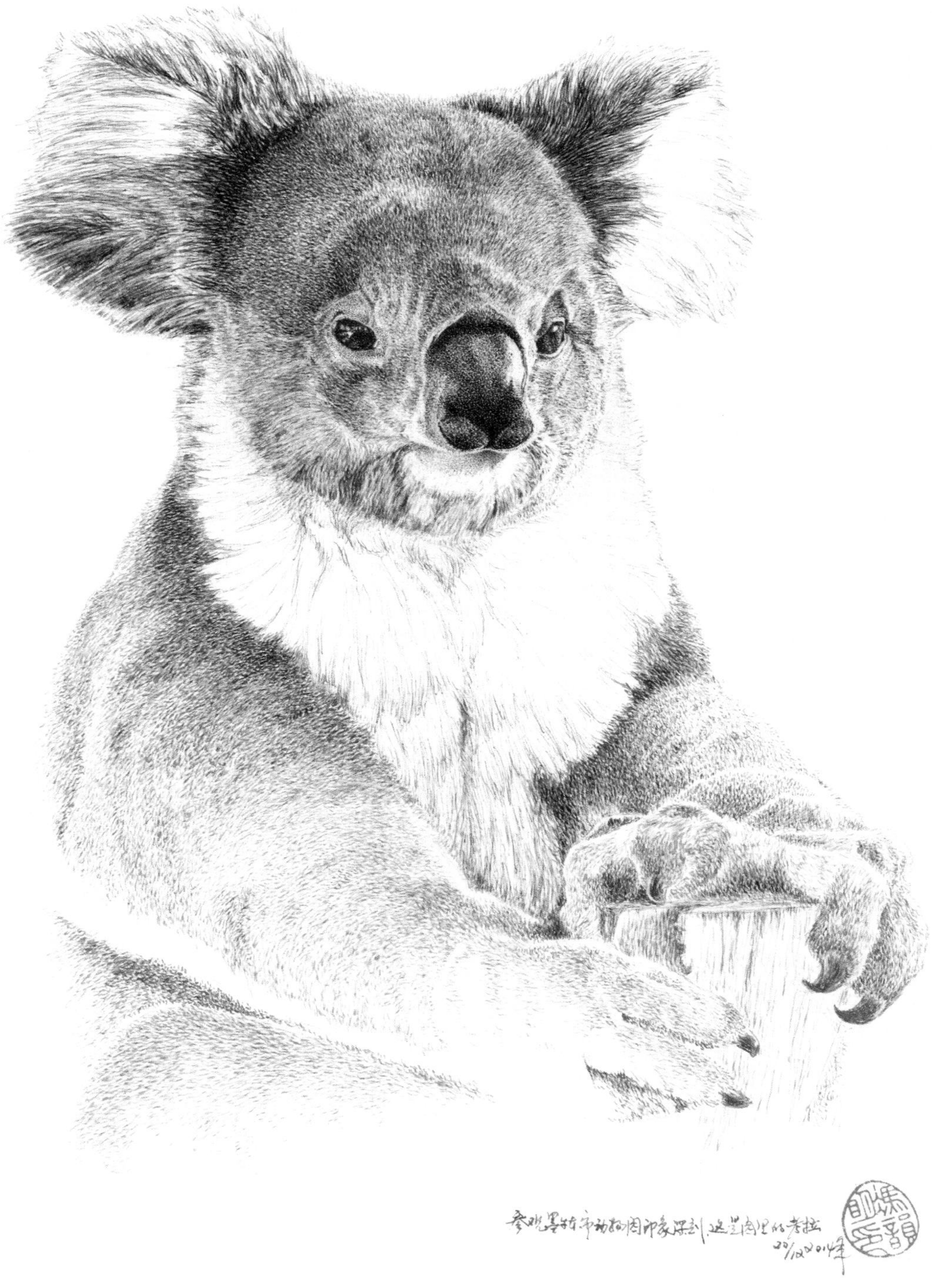
参观墨尔本市动物园印象深刻，这是园里的考拉
20/12/2014年

树袋熊

松鼠
兔

松鼠和兔子，面相上长得有些相似，不过它们俩在生物学分类里不仅不同科，而且不同目。松鼠是啮齿目松鼠科的动物；兔子是兔形目兔科动物。

松鼠有乖巧、驯良、玲珑的小面孔，美丽的大尾巴，人类对松鼠是非常喜欢的。根据生活环境不同，松鼠科分为树松鼠、地松鼠和石松鼠等。它们的食物主要是种子和果仁，有些松鼠会以昆虫和蔬菜为食，有一些生活在热带的松鼠甚至会为捕食昆虫而进行迁徙。

松鼠上颌臼齿为五枚，下颌四枚，上下颚臼齿数量不一。四肢强健，趾有锐爪，爪端呈钩状。体重通常约 350 克，雌性个体比雄性个体稍重一些。松鼠体长大约为 18~26 厘米，尾长而粗大，尾长为体长的三分之二以上。松鼠的个体毛色差异较大，有青灰色、灰色、褐灰色、深灰色和黑褐色等，有的还有深浅不一的条纹。

树松鼠几乎生活在树上，常以树洞做窝，秋季有储存食物习惯。松鼠不冬眠，但气温低时很少出窝觅食，会在洞中抱着毛茸茸的长尾睡觉。松鼠善于攀登、跳跃，行动敏捷、活泼，视觉、听觉发达。

在中国古代传说中，奔向月亮的嫦娥怀中抱着一只洁白温柔的兔子，它陪伴嫦娥度过月宫里的寂寞光阴。在中国传统文化里，洁白的兔子象征着一尘不染，也象征着圣洁。

兔，俗称兔子。兔子的鼻孔呈椭圆形，门齿外露，上唇中间分裂。两颗向外突出的大门牙、典型的三瓣嘴，让兔子的形象非常可爱。兔子的眼睛呈圆形，瞳仁儿有红、蓝、黑、灰色等颜色。

兔子是夜行动物，它在微暗处也能看见物体。由于兔子的眼睛长在头的两侧，因此它的视野很宽阔，单眼视角180°，可以说兔子连自己的脊背都能看到。不过，兔子是不能辨别立体的物体的，对近在眼前的东西也看不清楚。兔子的主食是新鲜或干燥的植物，它们需要 24 小时不断进食。

人类饲养兔子也已经有上千年的历史了，不过，家兔依然保持着从祖先那里习得的本性。它们依然胆子很小，依然性情温和，依然善于挖掘洞穴，依然“狡兔三窟”，依然以草本植物及树木的嫩枝、嫩叶等为食。

松鼠

松鼠

灰松鼠

跳鼠

兔

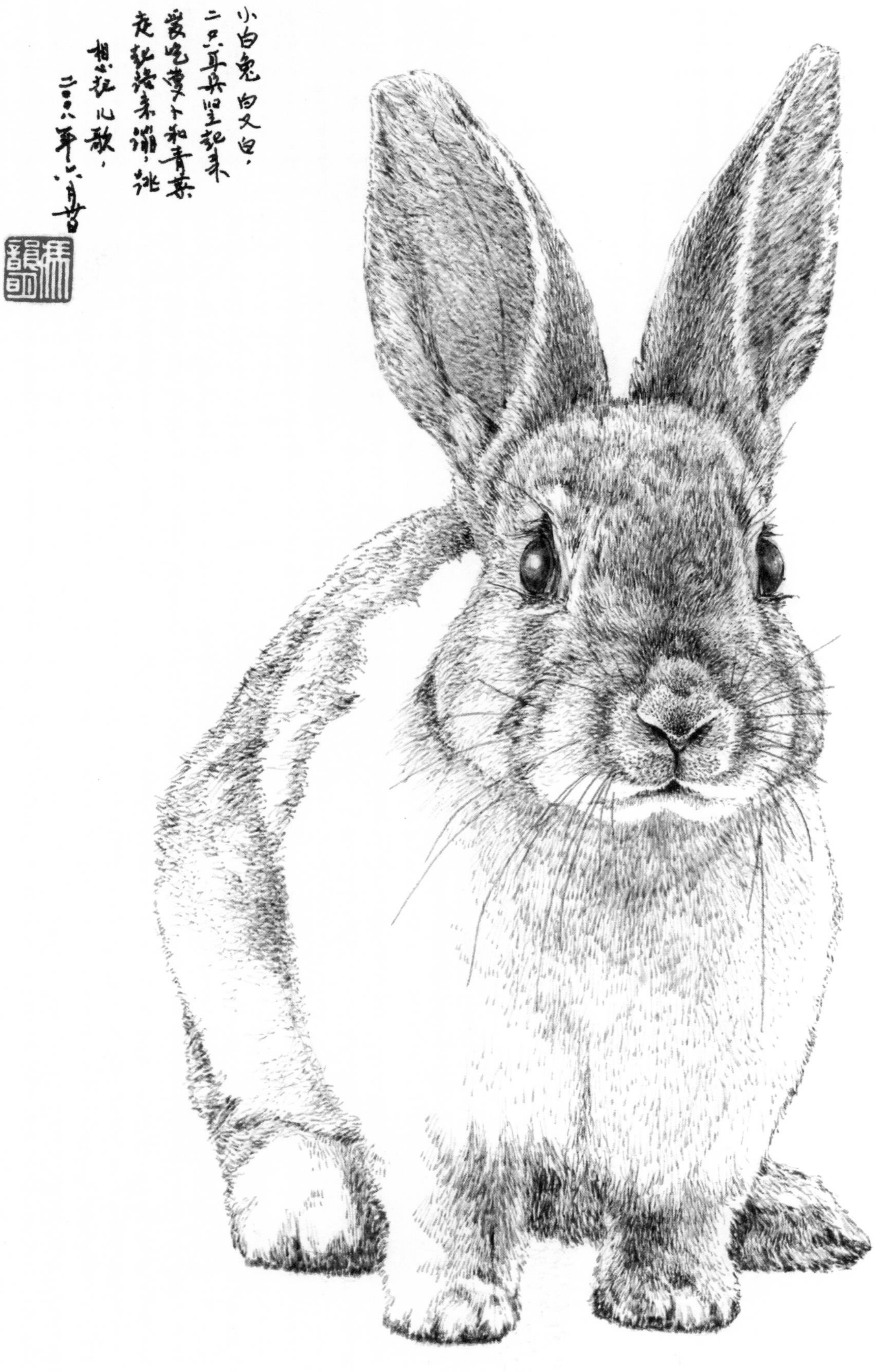
小白兔白又白，
二只耳朵竖起来
爱吃萝卜和青菜
走起路来蹦蹦跳
想起儿歌，
二〇〇八年六月普

兔

兔

兔

兔

鸟

鸟类是生物界最常见、最具特色的动物之一。飞翔的鸟儿，栖息在各种生态环境中，在自然界中扮演着重要的角色。据说，现存的鸟类大约可以分成 30 个目 160 个科 9000 多种，估计每天都有 1000 亿只鸟在天空中飞舞。

“山气日夕佳，飞鸟相与还。”人类自古就同鸟有着极为密切的关系。人们早就发现，鸟类在维护生态平衡、保护自然界绿色植物方面作用很大。西汉曾有法律规定，“鹰隼未挚，罗网不得张于溪谷”“孕育不得杀，壳卵不得采”（源自《淮南子》）。而在明代李时珍的《本草纲目》中，记述鸟类的文字就有三卷。

鹰不管体型大小都是食肉性动物，它们是有名的千里眼，翱翔在千米高空都能把地面上的猎物看得清清楚楚。体型不大的鹰主要是指苍鹰和雀鹰，它们会捕捉老鼠、蛇、野兔或小鸟。大型的鹰科鸟类（雕）可以捕捉山羊、绵羊和小鹿，它们体态雄伟、性情凶猛，动物学上称它是猛禽。

火烈鸟是一种大型涉禽，喙短而厚，上喙中部突向下曲，下喙较大成槽状；颈长而曲；体羽白而带玫瑰色，飞羽黑，覆羽深红，诸色相衬，非常艳丽。

鹈鹕也是一种涉禽，羽毛为白色、桃红色或浅灰褐色。有些种类的鹈鹕体形较大，其翼展宽三米，能以超过每小时 40 千米的速度长距离飞行。鹈鹕嘴长 30 多厘米，下喙壳与皮肤相连接形成的大皮囊是它们的鲜明特征。

企鹅是一种古老的游禽。企鹅很可能在地球穿上冰甲之前就已经在南极安家落户了。全世界共有 18 种企鹅，大多数都生活在南半球的极寒地区，只有个别种企鹅生活在温暖的地带。

企鹅的特征是不会飞翔；走起路来一摇一摆憨态可掬。然而在水里，企鹅的短小翅膀便成了一双强有力的“划桨”，游速可达每小时 25~30 千米，一天游上 160 千米也不在话下。

军舰鸟有极狭长的翅膀，翅展可达 2.3 米，而雄鸟在求偶的时候，其喉囊会变得鲜红而且大大地鼓起。军舰鸟白天常在海面上巡飞遨翔，窥伺水中食物。一旦发现海面有鱼出现，就迅速从天而降，准确无误地抓获水中的猎物。在中国，只在西沙群岛有军舰鸟。

鸳鸯是一种小型游禽，雌雄异色，羽毛鲜艳而华丽。在中国民间，自古以来，鸳鸯就是夫妻和睦相处、相亲相爱的象征。

鹰

鹰

鹰

鹰

火烈鸟

火烈鸟

戴胜

军舰鸟

鹈鹕

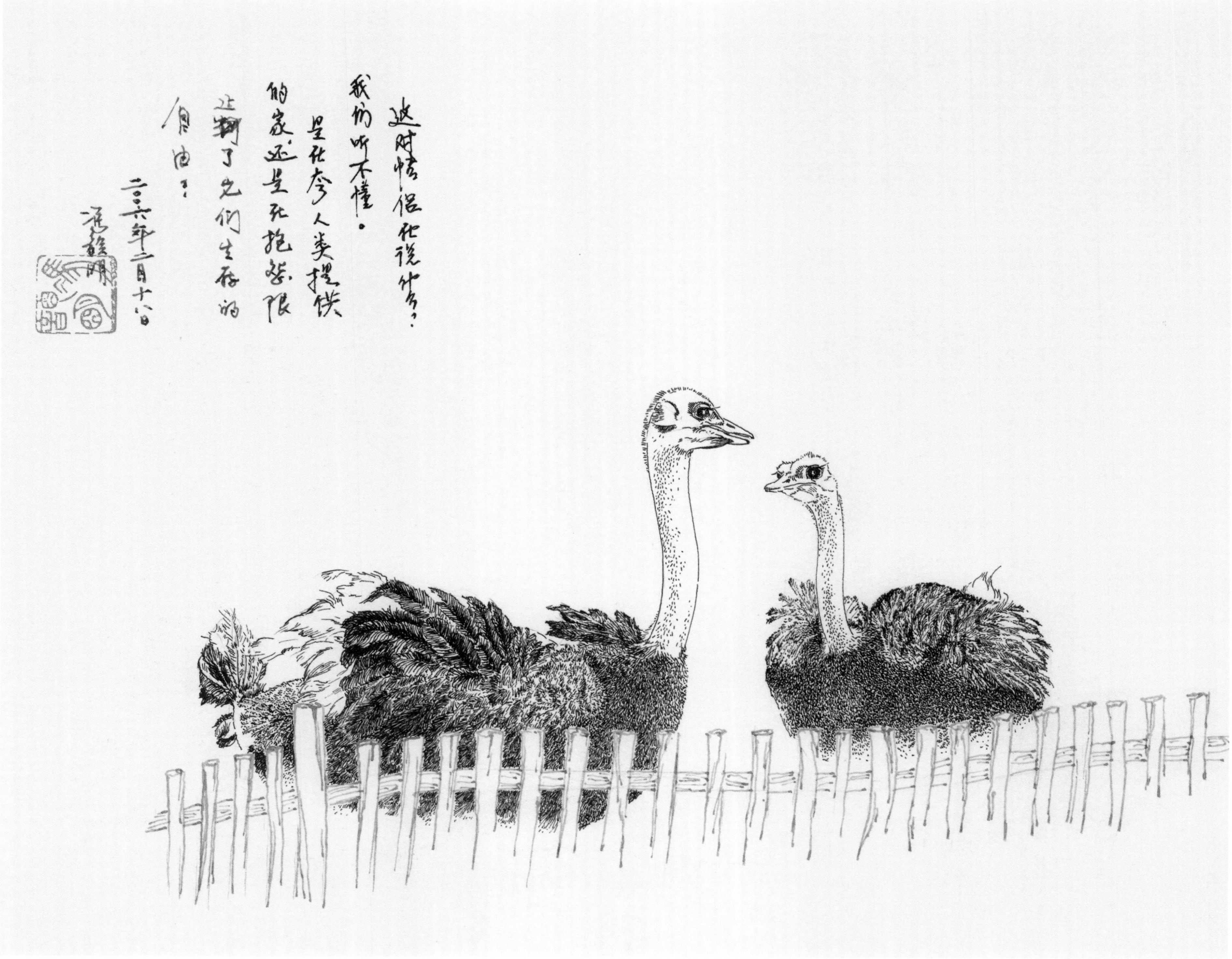
这对情侣在说什么？
我们听不懂。
是在夸人类提供
的家，还是在抱怨限
制了它们生存的
自由？
二〇一六年二月十六日

鸵鸟

小企鹅

企鹅

猫头鹰

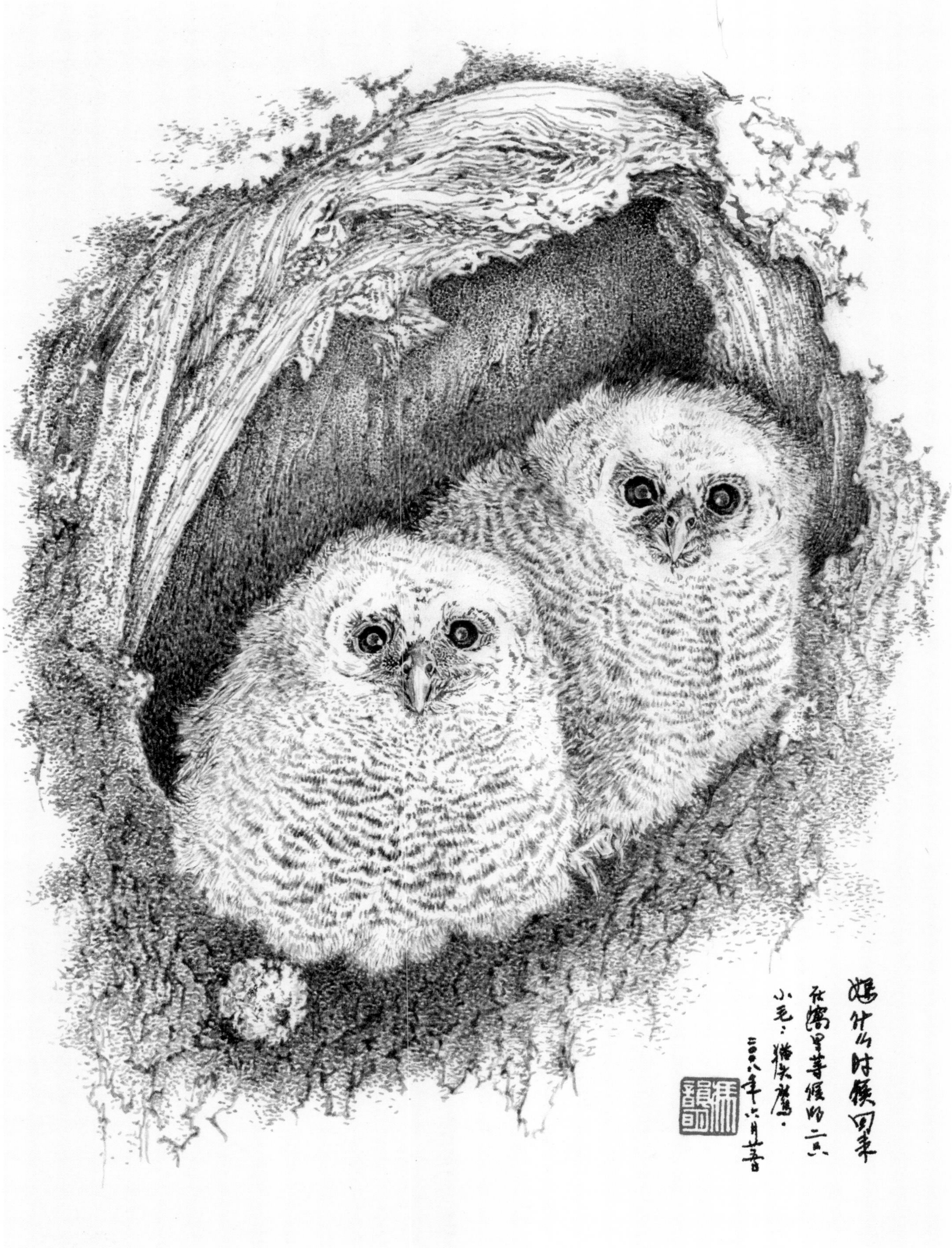
妈什么时候回来
在窝里等候的二只
小毛毛猫头鹰。
二〇〇八年六月山吾

小猫头鹰

鸳鸯

鹦鹉

鹦鹉

鹦鹉

海鹦鹉

可怜的翠鸟，因身上那美丽的羽毛
让人捕杀，做成翠饰品；小河小溪
的污染又断绝了它生存空间，现
在不知其是否还存在。我留着它
的一张皮毛，因那时不懂翠鸟是何
物。希望不要成为历史纪录的图
片。
二〇〇八年九月十二日

翠鸟

鸨鸟

朱鹮

褐马鸡

褐马鸡

鸡

俗话狗逮耗子多管闲事，
而鸡吃小鼠则为新鲜事。
上世纪七十年代初在农家住的
小壁村的老乡家就见到
房东家的大花公鸡吃了
小老鼠！
二〇八年十二月六日

鸡

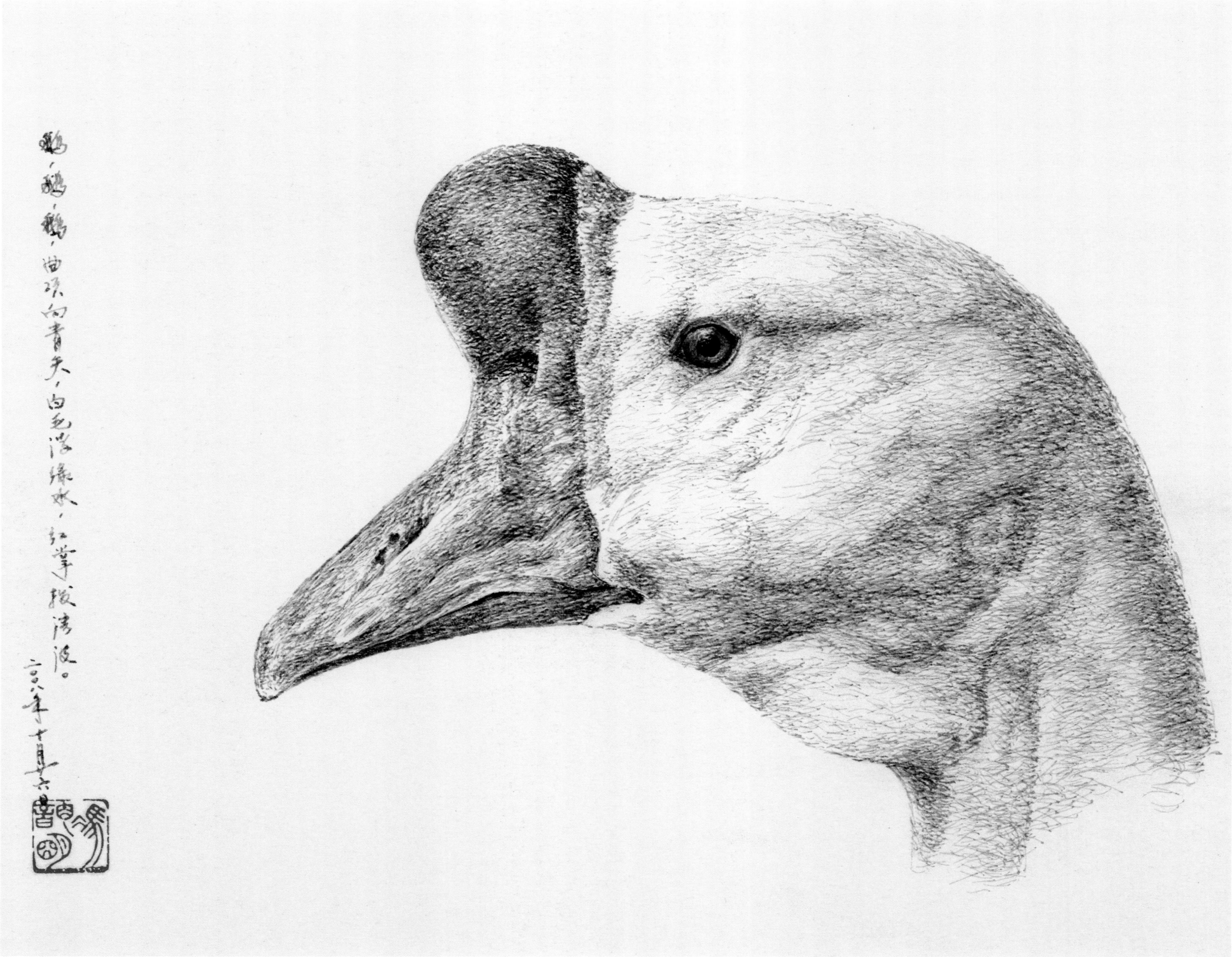
鹅，鹅，鹅，曲项向青天，白毛浮绿水，红掌拨清波。
二〇〇八年

鹅

鱼

鱼为脊椎水生动物，大都有鳞，卵生，鳍游泳，鳃呼吸。鱼类大约出现于 4.4 亿年前，几经沧桑，目前仍然广布于约占地球表面近四分之三的水体中。淡水的河流、湖泊，辽阔无垠的海洋，都是它们生活的乐园。

现存鱼类分为软骨鱼系和硬骨鱼系两大类。软骨鱼系全世界约有 200 多种，它们终生无硬骨，绝大多数生活在海洋里。硬骨鱼系则有两万种以上，淡水、海水都有生存。目前，世界上已知鱼类约有 2.6 万多种。

所有的鱼类都能很好地适应水中的生活，它们用鳍运动。鱼有两对鳍——胸鳍和腹鳍，分别位于身体的两侧；还有一个尾鳍，生长于尾部；并且根据种类的不同，在背上生有一个或两个背鳍，在臀上生有一个臀鳍。例如，狮头金鱼，尾鳍粗大，头大，腹圆，四开大尾，头部肉瘤丰满并包裹两颊和眼睛，头部肉瘤由数十个小块肉瘤组成。

绝大多数的鱼还有一个重要的器官——鳔，里面充满气体，它使鱼能够在水中沉降、上浮和保持位置。鱼类还有用来呼吸的鳃，大多数种类的鳃被鳃盖骨所覆盖。鳃位于鱼的头的两侧、嘴的后方，用来过滤从嘴吞入的水，从水中获取氧，然后从被称为鳃裂的开口处将水排出。

鱼是没有外耳（耳朵）的，但鱼的听力很好。实验证明，当鱼游动时，我们在离它一定距离的地方轻轻触一下水面，鱼会很快警觉而逃离原处。科学家们认为，鱼的身体上有特别设计的声音接收器，可将声波传到内耳里。

鱼，相伴人类走过了 5000 多年的历程，与人类结下了不解之缘。

金鱼

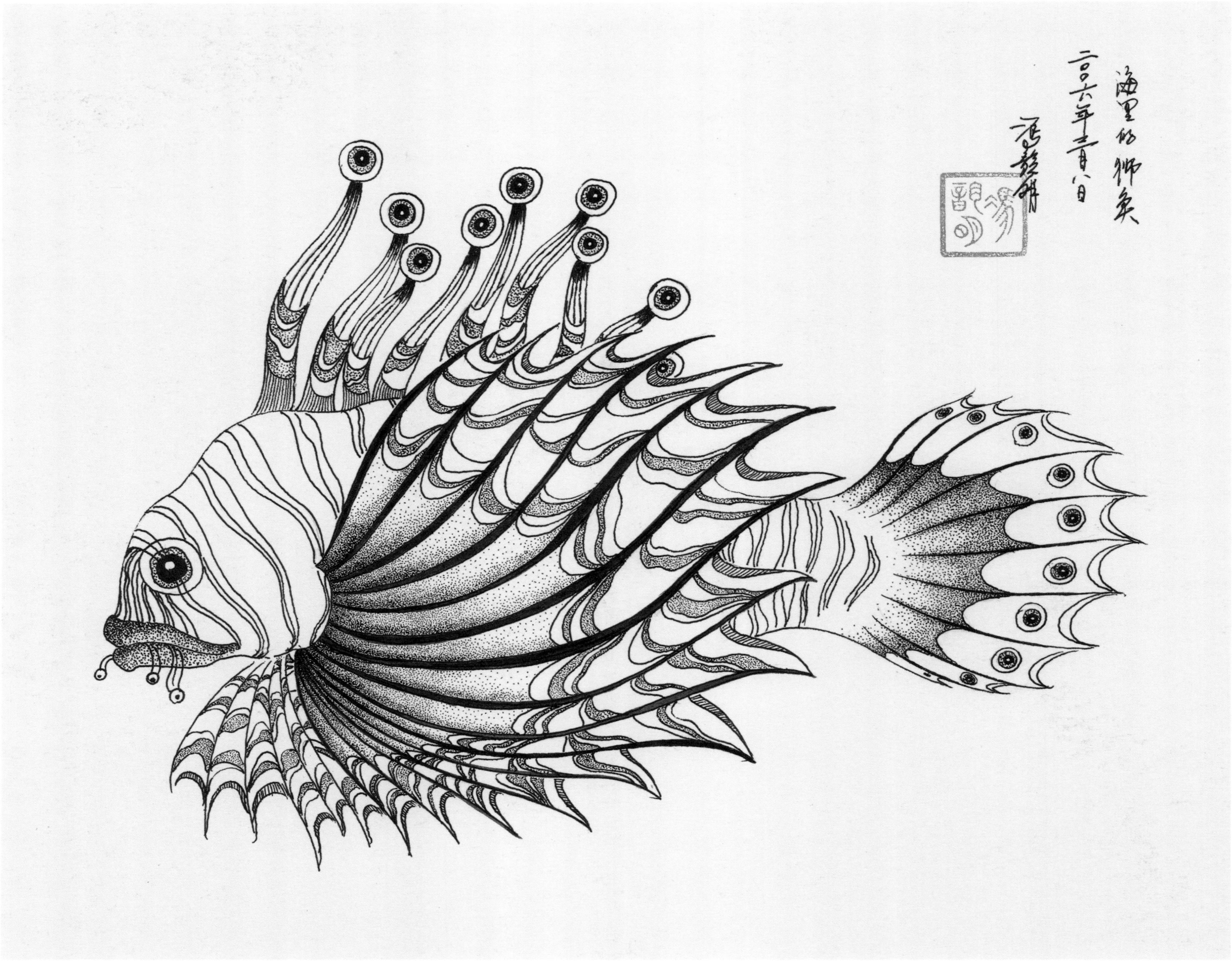

狮鱼（变形）

其他

动物，究竟是一个多么庞杂的家庭，其成员有多少，一直是动物学家探索的问题。

史料记载：从古希腊科学之父亚里士多德发现动物有 450 种，瑞典生物学家林奈认为有 4000 多种……到 19 世纪的 4.8 万种，再到目前的 100 多万种…… 动物的数量伴随着人类的探索在不断增加。尽管不乏物种在灭绝和濒临灭绝，但还是阻挡不住动物界各种生灵的繁衍生息。

动物的家庭成员，可能远远超出目前人类所统计的数目，无论是鱼类、两栖类、爬行类、鸟类、哺乳类的脊椎动物，还是诸如原生动物、扁形动物、腔肠动物、棘皮动物、节肢动物、软体动物、环节动物、线形动物的无脊椎动物。动物们分布在海洋、陆地，甚至自然环境极其严酷的两极、高原，动物们在自然界的食物链中上演着属于自己的传奇。

作为动物中的一员，我们人类该怎样和自己的伙伴们相处呢？

熊狸

麝牛

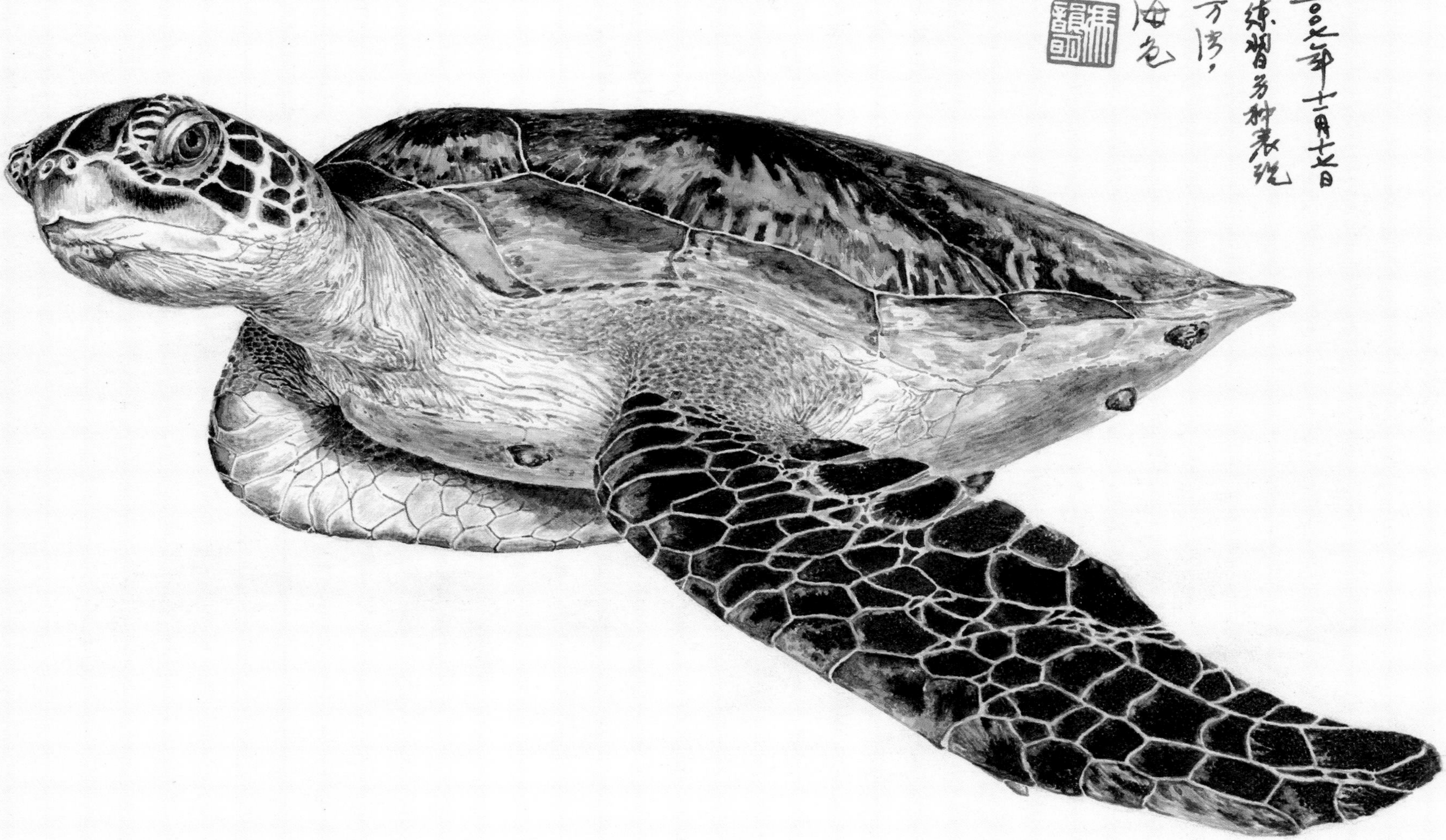
二〇一七年十一月十七日
练习多种表现方法，
海龟

海龟